稻盛和夫
给年轻人的忠告

品墨◎主编

民主与建设出版社
·北京·

图书在版编目（CIP）数据

稻盛和夫给年轻人的忠告／品墨主编. -- 北京：
民主与建设出版社，2021.3（2023.2 重印）
ISBN 978-7-5139-3392-6

Ⅰ．①稻… Ⅱ．①品… Ⅲ．①成功心理 – 青年读物
Ⅳ．①B848.4-49

中国版本图书馆 CIP 数据核字（2021）第 031029 号

稻盛和夫给年轻人的忠告
DAOSHENGHEFU GEI NIANQINGREN DE ZHONGGAO

著　　者	品　墨
责任编辑	刘树民
封面设计	松　雪
出版发行	民主与建设出版社有限责任公司
电　　话	(010)59417747　59419778
社　　址	北京市海淀区西三环中路 10 号望海楼 E 座 7 层
邮　　编	100142
印　　刷	三河市众誉天成印务有限公司
版　　次	2021 年 3 月第 1 版
印　　次	2023 年 2 月第 3 次印刷
开　　本	880mm × 1270mm　1/32
印　　张	5
字　　数	105 千字
书　　号	ISBN 978-7-5139-3392-6
定　　价	36.00 元

注：如有印、装质量问题，请与出版社联系。

前言

稻盛和夫，京都陶瓷株式会社和 KDDI 公司这两家世界 500 强企业的创始人。他与松下幸之助、盛田昭夫及本田宗一郎并称为日本"经营四圣"，且是四圣中目前唯一健在的一位。

与此同时，稻盛和夫还站在哲学的高度上思考人生的活法与企业的经营，故而身为企业家的他又被称为哲学家。季羡林先生对稻盛和夫就有"根据我七八十年来的观察，既是企业家又是哲学家，一身而二任的人，简直如凤毛麟角，有之自稻盛和夫先生始"的高度评价。

看了上面的介绍，你一定会认为稻盛和夫是一个绝顶聪明的天才，其实，他能取得如此大的成就，并不是因为他有什么超越常人的特殊天赋，也不是因为他有什么优越的先天条件，恰恰相反，稻盛和夫出生在一个再普通不过的家庭，上学时成绩很不理想，考试常常不及格。不仅如此，他的命运也很坎坷，上小学时，他染上了肺结核，差点病死；高考失利，没有进入心仪的大学；大学毕业后，想要靠自己在社会上打拼一番，却遭遇了经济危机，各个企业都在裁员，毕业生找工作十分艰难。最后在大学教授的帮助下，他才得以进入了松风工业，然而，他很快发现这家企业已濒临破产……

稻盛和夫所遇到的种种境遇，比之现在的很多人要困苦许多，然而他并没有随波逐流，没有就此消沉下去而庸庸碌碌地过一辈子。他始终坚信，只要付出比别人更多的努力，就一定可以成就一番事业。他是这样想的，也是这样做的。他在濒临倒闭的陶瓷厂实验室里，一次又一次地进行试验，终于发明了新的陶瓷产品，并且挽救了陶瓷厂。之后，他一步步走上了国际创业者先驱的行列。

作为新时代的年轻人，一定要聆听哲学大师的人生忠告，汲取经营之神的成功方法，站在稻盛和夫这位巨人的肩膀上，你们将看得更远！

2020 年 11 月

目录

忠告一

真诚：持纯粹之心，做至诚之人

　　稻盛和夫认为，爱心、真诚以及平等善待一切的理念始终贯穿于整个世界当中，使整个世界朝更美好的方向发展。所以，对于世间万物都怀抱"凡事往好的方面着想"的利他之心，有爱心、不懈努力、顺应宇宙潮流就能度过一个美好的人生。与此相对，憎恨、仇视他人，只顾利己之人，其人生将会变得越来越糟糕。

真实诚恳，做人要做老实人

做人要真实、单纯，这是稻盛和夫在他的著作中反复提及的内容。他为什么会如此重视呢？在稻盛和夫看来，正因为人们现在处于一个纷乱浮躁的时代，各种心计、权谋充斥其间，人们互相之间已经找不回往日的信任和温暖。因此，他认为人们只有重拾单纯和直率，才是人生应有的状态。否则，纷乱状态将愈发加深，未来将混沌不清。

在稻盛和夫的一生中，一贯秉承着真实、诚恳这一做人的信条。之所以如此，是因为他受到了同乡前辈西乡隆盛的深刻影响。

西乡隆盛是日本明治维新的元勋，是一位充满传奇色彩的人物。西乡隆盛身处日本明治维新这一历史大变革的激流之中，他的人生波澜壮阔，他的故事跌宕起伏。他率领的新政府官兵战胜封建割据的庄内藩，当敌军投降时，为了体恤对方的尊严，他竟命全胜者卸械，允许败者佩刀，创造出旷世未闻的入城奇观。维新运动大功初成，看到一起革命的同志开始建豪宅、穿华服、纳美妾，他痛心疾首。他的热血弟子不满新政府的腐败，贸然起义。他明知此事不可为，明知起义毫无胜算，但当他得知事态的发展已势不可挡时，他甘领"逆贼之首"的罪名，不惜与充满正义感但缺乏谋略的弟子们同归于尽。

西乡隆盛是稻盛和夫出生地鹿儿岛的同乡前辈。稻盛和夫从小就敬仰他、爱戴他，把他看作心目中的大英雄。稻盛和夫创立京瓷不久，就把西乡隆盛的格言"敬天爱人"奉作社训，挂在办公室里。若有人请稻盛和夫题字，他多半就写下"敬天爱人"这四个字。

西乡隆盛认为，一颗至真至诚之心最为重要，他自己率先垂范，一生真挚、赤诚，贯彻始终。稻盛和夫坚信西乡隆盛所说的道理至今依然灵验。即使在当今纷乱的社会情势之中，人也并非光靠利害得失及欲望就能驱动，只有一颗纯粹的心才是最强、最有感染力的。

稻盛和夫曾说："所谓'杰出的人格'并非仅是指拥有高尚的哲学观，而是必须同时还能够坚持诸如'诚实待人''不说谎''正直''不贪婪'等最基本的伦理观。如果一个人能够随时随地以此警示自己，并努力付之于实际行动当中，自然就能够实现自我人格的升华。"

然而，在现实生活中，要做到真实诚恳却不是那么容易，因为现实中人与人之间的关系复杂，每一个人都有"自我"的两面性，即一个是经过包装的"外在自我"，一个是没有经过包装的"内在自我"。两者都具有适应社会的双重属性，是矛盾的统一体，但不可回避的是："外在自我"带有虚假性和伪装性，"内在自我"则是一种纯真，是人性中本性的表现。

在人与人的相互沟通与交流中，如果能够以本来的"内在自我"真诚地与人交往，将会起到长久的效果。现实社会中的每一个人的外在形象，往往都被自身的社会地位、家庭背景、工作职位、学识高低等包裹着。由于有这层外在的包装，也就使人与人之间的交流与沟通产生了距离，但是如果能撕开这层包装，人与人之间除了性格之外，在人格、尊严、生存需求等方面都是同等的、无差异的，如果能以这种无差异的"内在自我"与人真诚地沟通与交流，必将获得更多的尊重、信任与信赖。

真诚是人类最重要的美德，也是人与人沟通与交流的重要原则，它是基础，也是关键。因为我们不是生活在真空里，所以我们要用心做桥梁，与周围的人相处。相反，与真诚相悖的是谎言、欺骗。试想一下，一个经常说假话、讲谎言的人来和你说一些事情，你是相信还是不相信呢？答案显而易见。一个经常说谎话而缺少真诚的人，人们怎么敢与其打交道？真诚是无价之宝，有时它比金钱、才学、机敏、容貌更重要。

做人真诚不仅是理念，而且也是经验，不只是挂在嘴上说说，还需要用心对待，真诚会让生活非常坦然，谎言会让人坐立不安。俗话说："天下没有揭不穿的谎言。"不要让真诚成为一种迷惑对方的手段，不要自以为很聪明、高明，把别人都当成傻子，说谎实际上是一种愚蠢至极的行为，是搬起石头砸自己的脚。现实生活中，我们都需要与人真诚相处。朋友之间相处需要真诚，合作伙伴之间需要真诚，恋人、夫妻间更需要真诚相待。很少有人喜欢听谎言愿意生活在谎言之中，要知道，哪怕是善意的谎言，也会给对方以伤害，谎言犹如一把双刃剑，伤人害己，这些最简单最朴素的道理，是否非要等到自食恶果时才能明白呢？

时有四季，天有阴晴，月有圆缺，人分老幼。任何事物都有它的两面性，真诚也是如此，真诚并不是对任何人都表现为真诚，比如对于你的敌人或对手，就不能真诚，而更多的则是尔虞我诈与欺骗，但这些并不是我们所追寻的。真诚需要信任为基础，而信任与信赖的建立也非一朝一夕所能造就，它缘于彼此的一种默契，一种宽容。俗话说：一个人如果没有感动对方，是因为诚意不够，是因为不能把心真诚地交给对方，是因为没能信任对方。

　　真诚是可贵的，虚伪是可怕的，没有了真诚，这个世界除了污秽就是虚伪。做人千万别丢了真诚，因为真诚还没有发现代用品，人生的历程亦是不可以重来的，越是值得珍惜的东西也越是脆弱，越是容易失去，所以真诚更显无比珍贵，一旦玷污就很难还其清白。

坚持原则，严格遵守伦理道德

稻盛和夫认为，严格遵守基本的伦理道德，是对每个人最基本的要求。这一点有助于我们每一个人的人生走向成功和辉煌，同时也能让人类走向和平与幸福。

京瓷公司创立之初，稻盛和夫在经营方面可以说是一窍不通，既没有经验，也缺乏企业管理方面的知识。这时稻盛和夫面临的难题是怎么做才能让公司顺利地成长起来。应该做什么？什么可以做？什么不可以做？究竟怎么做才好？稻盛和夫没有什么好的策略，而其他人也都拿不出主意来。经过深思之后，稻盛和夫明白了，做事和做人一样，首先要端正态度，不能做违背基本伦理道德的事情。如果去从事违背人类伦理和道德的事情，最终将一事无成。

这样的想法使稻盛和夫明确了经营的方向。同时，他也将这种思想传达给每一位员工，告诉他们"不撒谎、不骗人、不贪婪"的做人原则就是现今做事应该依据的正确判断标准。稻盛和夫用伦理道德来作为判断事物的基准，他认为，公司的经营只有遵守这些单纯的教诲，才可能顺利地发展下去。这个基准虽然很简单却很管用，京瓷公司以此作为自己的经营判断标准，基本上没犯过原则上的错误，公司因此得到了壮大与发展。

根据道德观的指导，在 DDI 公司、国际通讯巨鳄 KDD 公司和丰田系列的 IDO 公司合并重组时，稻盛和夫提出，由 DDI 公司控制主导权。这不是基于霸权主义或者本公司利益而提出的，而是为了新公司成立后能马上顺利开展工作。因为在当时的三家公司中，只有 DDI 公司的业绩最好，经营基础也最扎实，所以由 DDI 控制主导权是最合适的。当他诚恳地把他的想法，包括对将来日本信息通讯产业的预测，告知其他两家公司的时候，两家公司的领导被他以遵守道德为原则的真诚和热忱打动，一举达成共识。接下来，由三家公司合并的 KDDI 公司取得了突飞猛进的进步，这也是世人有目共睹的。

《大学》里记载："德者本也，财者末也，外本内末，争民施夺。是故财聚则民散，财散则民聚。是故言悖而出者，亦悖而入；货悖而入者，亦悖而出。"意思是说，道德是人的根本，财富是人的末节。如果一个人把根本当成外在的，把末节当成内在的，就会和百姓争夺利益。所以，聚财只会失尽民心，施财才能得到民心。

同样的原因，作为一个企业的经营者，一定要懂得轻财重德的道理。稻盛和夫说："一旦经营者被私心所吞没，并导致其判断上的失误时，将会为整个集团带来灾难。从这一意义上讲，握有企业经营之舵的经营者，必须随时做出正确的判断。"

稻盛和夫认为，做事就是做人，而做人要讲究德行。但是，很多人认为遵循这些伦理道德是一种落伍的表现，只有迂腐不化的人才会去遵守它。不可否认的是，这些原本为了推进社会进步与发展，用以规范人类行为的道德准则，都是经历了千百年沉淀下来的智慧结晶，但如今却被很多所谓"文明社会"中的快捷文化给"方便化"了。这种现象带给人类和世界本身的，是令人痛惜的"回报"——道德的缺失导致了犯罪行为的频繁发生、肆意地扩张破坏了生态环境的平衡……人类的生存环境正危机四伏。

由此可见，不违背道德，树立正确的人生态度和做人准则是多么重要。稻盛和夫告诉我们："要给自己比他人更为艰苦的人生，并不断严格要求自己，这是不可或缺的。努力、诚实、认真、正直……严格遵守这些看似简单的道德观和伦理观，并把它们作为自己的人生哲学或人生态度的不可动摇的根基。"

稻盛和夫一手缔造了两家全球 500 强的企业，能够拥有如此傲人的成就，就是因为他谨遵正确的做人和做事原则，不违背基本的伦理道德，踏实地走好人生的每一步。这也是稻盛和夫在精神上经历了从"商道"到"人道"再到"佛道"后的参悟。他认为，居于人上的领导者，需要的不仅仅是才能和雄辩，更重要的是，要有道德。也就是说，他必须是一个拥有"正确的生活方式"的人。

稻盛和夫很敬重日本明治维新时期的伟大人物西乡隆盛，他常常用西乡隆盛的话来激励自己："给德高者以高位，给功多者以褒奖。"这是在企业经营中很受用的一句话。稻盛和夫认为，一个人如果缺乏以遵守道德为原则的世界观，人格又不成熟，那么即使拥有优秀的才智和强势的能力，终究也会因为不能找到正确方向而误入歧途。这不仅仅是指企业的领导者，对每个人来说都是这样的。

现在的很多人只重视金钱而忽略了品德的培养，也有一些家长不能身体力行地对孩子进行人格、伦理道德的教育，所以，把对"人"的教育提上日程是一件时不我待的事情。正是看到了一些在教育中存在的弊端，稻盛和夫倡议："应该重视道德教育，以道德为基础的人格教育刻不容缓。"

对于身处社会各个阶层的人来说，有什么样的人生哲学就会有什么样的人生道路。这里所谓的人生哲学就是以道德为基础的人生观、价值观。如果不打好这个哲学根基，人格之树就不能长成笔直粗壮的参天大树。

稻盛和夫呼吁我们要坚持原则，严格遵守伦理道德。其实，在我国历史上也有很多类似的论述。如"栖守道德者，寂寞一时；依阿权势者，凄凉万古。达人观物外之物，思身后之身，宁受一时之寂寞，毋取万古之凄凉。"

这是《菜根谭》开篇第一句话，意思是说，恪守道德节操的人，只不过会遭受一时的冷落；而那些依附权势的人，却会遭受千年万载的唾弃与凄凉。胸襟开阔且通达事理的人，重视物质以外的精神价值，顾及死后的名誉。所以他们宁愿承受一时的寂寞，也不愿遭受永久的凄凉。

世人常分两类，一类是"宁受一时之寂寞"的"栖守道德者"；一类是"取万古之凄凉"的"依阿权势者"。古往今来，多少人因利而流芳百世，多少人又因利而遗臭万年！能否正确地对待功名利禄往往是一个人成功与否的关键。

古代先贤以名节自励，宁可坚守道德准则而忍受一时的寂寞，也绝不会因依附权贵而遭受万世的凄凉。静观世间的人事，思量社会的变迁，又有多少人能明白其中的道理呢？

"长城万里今犹在，不见当年秦始皇。"说得多好啊！名利和道德，一个实，一个虚，一个是看得见、摸得着，一个是无形而缥缈。孔子"累累如丧家之犬"，也还不忘"布其道"，这是一种志向，是一种境界。

圣贤的精神、忠臣义士的气节，看似虚无缥缈，其实是最为恒久不变的。试想一下，纵横数千年，多少苍生往事已成沧海桑田，白骨累累不知凡几，但能流传至今的名字只是那么有限的几个。而这些人之所以能永驻世人心间，凭的就是立德、立功、立言这"三不朽"。从孔子的"杀身成仁"到孟子的"舍生取义"，从文天祥的"人生自古谁无死，留取丹心照汗青"到林则徐的"苟利国家生死以，岂因祸福避趋之"……在中国浩瀚的历史长河中，这些忠义之士正是因为其具有高尚的节操，其身影不仅没有被风浪所吞噬，反而愈发高大挺拔。

古人云："士之致远，当先器识，而后才艺。"没有高尚的品德，傲视青云就缺乏一种道义的精神来做心灵的强力支撑，因此只不过是一时的意气用事，故作愤世嫉俗而已；没有高尚的道德，文章就缺乏一种真情的底蕴来为心灵做厚实的铺垫，因此也只是吟风弄月、轻薄妄语而已。要知道，得以留传至今的经典、文史之作，几乎全靠文章薪火相传之功。对此，司马迁曾在《报任安书》中有精辟的见解："古者富贵而名磨灭，不可胜记，唯倜傥非常之人称焉。盖文王拘而演《周易》；仲尼厄而作《春秋》；左丘失明，厥有《国语》；孙子膑脚，《兵法》修列；不韦迁蜀，世传《吕览》；韩非囚秦，《说难》《孤愤》；《诗》三百篇，大抵贤圣发愤之所为作也。此人皆意有所郁结，不得通其道，故述往事、思来者，及如左丘无目，孙子断足，终不可用，退而论书策，以舒其愤，思垂空文以自见。"这些历史风流人物在艰苦的条件下，因为保持着一种高尚的品德，从而使自己流芳百世。由此可见，一个人的行为只有经得起道德的检验，才能算是高尚的行为；一个人的才能只有在道德的引导下，才能成为智慧。

在我们的传统道德观念中，"节操"始终是一个具有深远影响力的概念，其内涵大可指民族气节，小可到个人贞洁。因此，历史上不乏为"节操"而困守、舍生的英雄豪杰，例如伟大的诗人和政治家屈原，他所昭示出的民族气节和优秀品德都是来自于"节操"二字。

屈原是中国最伟大的浪漫主义诗人之一，也是我国已知最早的著名诗人，但他最为后人所赞赏的是他的崇高情操和理想。屈原是战国时期伟大的爱国诗人和政治家，他热爱祖国和人民，衷心地希望楚国能强盛起来，实现统一中国的大业。正是这种不屈不挠的爱国情怀和壮怀激烈的气节风骨，使屈原成为光明和正义的化身，成为中华民族的灵魂。

屈原出生于公元前340年，当时正逢中国历史上的战国时期。这个时代正如其名，称雄的秦、楚、齐、燕、赵、韩、魏七国为了争城夺地，互相杀伐，连年征战。出身于贵族家庭的屈原天资聪明又非常用功，在二十多岁的时候就被楚怀王封为左徒。

屈原虽然年轻，但对当时的政治局势有着深入的了解，他认为秦国在商鞅变法后日益强大，常对其他六国发动进攻，当时只有楚国和齐国能与之抗衡。屈原认为颇具野心的秦国是楚国最大的威胁，因此他主张对内实行改良，对外联齐抗秦。此外，屈原看到黎民百姓深受战争之苦，便力劝楚怀王任用贤能、爱护百姓。

在屈原的努力之下，楚国与齐、燕、赵、韩、魏五国结成联盟，从而制止了强秦的扩张步伐，而屈原也因此得到了怀王的信任和重用。但屈原的"得势"遭到了以公子子兰为首的一班贵族的嫉妒和嫉恨，而且他的对内改革也因为侵害了上层统治阶级的利益遭到了楚国许多大夫的反对。这些人经常在怀王面前说屈原的坏话，诬蔑屈原专断夺权。糊涂的怀王听信谗言，疏远了屈原，把他放逐了。结果楚怀王被秦国骗去当了三年阶下囚，死在异国。

屈原看到这一切，非常气愤。他坚决反对向秦国屈膝投降，结果又一次遭到政敌们更严重的迫害。新即位的顷襄王比怀王更昏庸，他不仅革掉了屈原三闾大夫的职位，还将屈原流放到江南。在长期的流放生活中，屈原没有屈服，他依然坚持自己的政治主张，绝不随波逐流。面对士大夫的迫害，屈原叹息道："我吃苦受屈都不要紧，只恨他们把国家断送了！"

屈原将满腹的忧愁愤恨都写成了诗篇，用笔抒写了自己对祖国的热爱。他越来越老了，但是复兴楚国的希望一天也没有熄灭过。一天，屈原正在江畔行吟，遇到一个打鱼的隐者，隐者见他面色憔悴、形容枯槁，就劝他"不要拘泥""随和一些"。饱受精神和生活之苦的屈原并没有屈服，他毅然答道："宁赴湘流葬于江鱼之腹中，安能以皓皓之白，而蒙世俗之尘埃乎？"

公元前278年，随着秦国占领郢都，楚国走上了灭亡之路。眼看国破之难，却又无法施展自己的力量，屈原在极度失望和痛苦中来到长江东边的汨罗江。这一天正是五月初五，屈原决心用自己的生命去警告卖国的小人，激发全国百姓的爱国热忱。

两千多年过去了，屈原抱石自沉的形象依然留在人们心中。如今，每到端午节那天，人们仍要在江河里划龙舟，把粽子系上五彩丝线投入水中，来纪念伟大的爱国诗人屈原。可见，高尚的节操足以千古不朽。

对每一个人来说，生命诚可贵，但一旦与节操较上了劲儿，它顿时便变得无足轻重、苍白无力了。的确，节操不仅仅关乎我们一生的名誉，更影响着后人对自己的评价。

从古到今，许多哲学家在论述道德标准时都有着自己的独到见解，虽然他们论述的观点有所侧重，但是有一点是共同的，那就是认为人类生活需要不断交往，需要发扬人与人之间的互尊、互助精神。换言之，就是孟子所说的"达则兼济天下"。他们最伟大的不是留下了多少美丽的诗篇和数不尽的财富，而是那份仁爱、博爱的品质和高尚、无私的节操。由此可见，一个人不论何时何地，都应保持一种高尚的品德、伟大的理想，使自己的事业充溢着伟大的精神，在实现理想中保持着如一的气节。

正所谓"功名一时，富贵难久，而精神不死，气节千秋"。无德之人，行事不能做到合情合理合法，所以就算他有本事筑就事业的"高楼"，也不过是空中楼阁，不可能长久稳固；而有德之人就好比山林中生长的花草，受自然栽培，根深蒂固，枝叶茂盛，寿命也长久。同样，如果一个人将道德修养作为自己的追求，把道德修养的建设放在日常生活的行为和举措中，放在待人接物中，放在为官为仕中，放在尊老爱幼中，那他就能"居高声自远，非是藉秋风"。

当然，我们不可能强迫每个人都成为像孔子、屈原一样的"大圣人"，但我们应该懂得这样一个道理：栖守道德者，"虽未尽如人意，但求无愧我心"。至于能否"流芳百世"，又何须顾及呢？人生在世，最重要的莫过于无愧于心。

蹈行正道，做人要堂堂正正

正道，即做正确的事。稻盛和夫认为，依循正道者，总会遭遇艰难困苦。正因如此，他引用西乡隆盛的告诫说："为行正道，不论面临怎样的艰难困局，不论成功还是失败，乃至自己的生死，都不应顾忌。"

在稻盛和夫看来，依循正道，即依循天道而行，换言之，就是不搞机会主义，不可为求自保而见风使舵、曲意逢迎，或者妥协让步。并且，也不可因心存怜悯或顾念情分而感情用事。如此"顽冥不化"地贯彻正道，可能会被斥为"冷血"，常遭遇意想不到的困难。此时，有人开始疑虑，甚至动摇、担忧，选择这条正道果真能顺利前行吗？最终能成功吗？

稻盛和夫认为，这种担忧没有必要。岂止如此，选择自己认为正确的道路，不论事情结果如何，心甘情愿在这条道路上辛苦跋涉，不论面临多少次逆境，都甘之如饴。只有达到这样的至高境界，才可能锲而不舍、坚持到底。

世间人多为骑墙派，眼中只见自己的利害得失。倘若在这众人皆醉的世道中恪守原则，定会遭遇各种困难。然而，实行正道会遭遇困难不足为奇。正因如此，如果达不到以难为乐这样的境界，就不可能将正道坚持到底。依循正道，必然棘手之事频发，辛苦坎坷不断，有人必定会退避三舍——不如像骑墙派随波逐流活得自在，何必自讨苦吃？越觉得辛苦便越畏缩不前，西乡隆盛十分了解人性，深知其弱点，所以他特意告诫道：要甘于苦难，乐在其中，否则依循正道谈何容易！

稻盛和夫汲取了西乡隆盛的理论精华，他认为，蹈行正道，并无身份贵贱之分，众人平等，皆须依循。倘若凡人都能依正道而行，那社会必会愈加丰富多彩。

稻盛和夫感到，在现代社会中，人们难以蹈行"正道"，其原因正在于已"不知正道为何物"。他认为，所谓"正道"，非人类的小聪小慧，而是天之摄理。具体说，便是为人处世的行为规范与基本道德——即正义、公平、公正、诚实、谦虚、勇敢、努力、博爱，再加上西乡隆盛所说的"无私"等；亦可解释为幼年时父母老师训导何为对何为错、什么该做什么不该做的道德规范——要正直，不可撒谎，不可欺骗他人。这些质朴无华的教诲正是"正道"。

稻盛和夫发现，当鼓足勇气坚持正确之道时，却有人畏缩不前，私心盘算道："这种场合鼓足勇气据理力争，会于己不利吧！"于是曲意逢迎；或者周围有人示意开导："你过于古板严厉，大家都跟着受苦，何必呢？不如融通理解，灵活应对。"从而舍弃信念，屈节妥协。

稻盛和夫认为，这正是现代社会各类弊病的症结之所在。为了社会更加美好的未来，我们每个人都应重新审视"依循正道"的重要性，将此铭刻于心、身体力行。

人们都尊敬君子，在东方文化里，我们崇尚君子的行为。

在西方其实也是一样，只不过他们将之称为"绅士精神"。然而，在现实生活中有一个特别让人不理解的现象，那就是：做一个真正的君子竟然往往会让人生厌。这是因为，君子必须真诚、说真话，而说真话往往会刺到人的痛处。这时，人们又想到了一条妙计，那就是学习阿谀奉承、溜须拍马、用天花乱坠的谎话来欺骗别人，这就是趋炎附势。

面对剧变的社会，面对纷繁的生活，许多人感到人际关系变得越来越复杂，为人处世也变得越来越难。实际上，做人只要保持自己平和的心态，刚正不阿坚守自己道德底线的人，仍然会受到人们的钦佩。趋炎附势、奴颜媚骨、阿谀奉承，最为人所不齿，活在世上谁都瞧不起。

当今社会，趋炎附势的人多，避世的人多，敢于直面丑恶并与之斗争的人少。有的人遇到有利可图的事就削尖脑袋往里钻，贪图便宜；有钱有权有势的人周围天天都有趋炎附势的人聚集一堂。由于都是怀着一个贪字有求而来，所以，如此以利益为驱动的人际交往不可能有人间真情，因而出现了"富居深山有远亲，贫在闹市无人问"的现象，即所谓世态炎凉是不足为奇的。

每个人都有欲望，也许有时你会为了得到提拔而绞尽脑汁地在领导面前表现自己的才能，也许有时你会对繁华的物质世界产生强烈的占有欲。或许，你也知道这些欲望的产生对你来说不是一件好事，但是由于终日忙忙碌碌而根本无暇思索这一切。当你能够静静地待一会儿时，不妨抓住这个机会，好好地反思一下自己的人生，你会感到一种从未有过的心灵的宁静。既然你不能摆脱这个尘世，那么就应当学会经常反思人生，始终给自己的心灵保留一片净土。

权势名利是现实生活中必然遇到的，但的确还有许多在权力、金钱面前却依然保持高洁，不因权力而贪污，不因金钱而堕落的人，他们有人格、有原则，出淤泥而不染，视权势如浮云，即所谓"富贵不能淫"。

在我们的生活中，趋炎附势的人比比皆是，如果让这股风气继续扩展下去，我们的社会就没救了。因此，我们要从自身做起，遏制这股歪风邪气。平时，不要因为某人有权、有势、有钱就和他没有原则地混在一起，而对那些没权、没势、没钱的人就另眼看待。因为世界上的事情是很难预料的，今天有钱、做官，明天也许就是阶下囚。所以，我们做人要有自己的尊严，对人要平等，切忌"趋炎附势"。

在现代这个社会，维护自尊才是人的本能与天性，我们要活在自己的尊严里。尊重自己，就要尊重自己的生命与价值。也许一些人认为做人"趋炎附势"才算圆滑，才算精明，才能获取最大的利益。但是，尊重自己人格的人，才能称得上是一个真正的人，才能真正实现自我的价值。

法国电影明星洛伊德将车开到检修站，一个女工接待了他。她熟练灵巧的双手和俊美的容貌一下子吸引了他。

整个法国都知道他，但这位女工却丝毫不表示惊异和兴奋。

"您喜欢看电影吗？"他禁不住问道。

"当然喜欢，我是个影迷。"

她手脚麻利，很快修好了车，说："您可以开走了，先生。"

他却依依不舍地说："小姐，您可以陪我去兜兜风吗？"

"不！我还有工作。"

"这同样也是您的工作，您修的车，最好亲自检验一下。"

"好吧，是您开还是我开？"女工问道。

"当然是我开，是我邀请您的嘛。"

车行驶得很好。女工问道："看来没有什么问题，请让我下车好吗？"

"怎么，您不想再陪一陪我了？我再问您一遍，您喜欢看电影吗？"洛伊德问道。

"我回答过了，喜欢，而且是个影迷。"

"您不认识我？"

"怎么不认识，您一来我就认出您是当代法国影帝阿历克斯·洛伊德。"

"既然如此，您为何这样冷淡？"

"不！您错了，我没有冷淡，只是没有像别的女孩子那样狂热。您有您的成就，我有我的工作。您来修车是我的顾客，如果您不再是明星了，再来修车，我也会一样接待您的。人与人之间不应该是这样吗？"

洛伊德沉默了。在这个普通女工面前他感到自己的浅薄与虚妄。

洛伊德最后很有礼貌地对那位女工说："小姐，谢谢！您使我想到应该认真反省一下自己的价值。好，现在让我送您回去。"

一个人能否受到别人的尊敬，并不是由于他所处的地位和工作所决定的。这位普通女工之所以能赢得对方的尊重，就是因为她重视自己的工作与价值。那些所谓的"大人物"之所以高大，是因为你自己在跪着；你仰慕他们头上的光环，却忽略了自己的生活与价值。

为人要正派，不要趋炎附势，不要充当墙头草，那样做人会失去尊严，会丧失自身的价值。

庄子曾说："不为轩冕肆志，不为穷约趋俗，其乐彼与此同，故无忧而已矣。"这句话大意是说：那些不追求官爵的人，不会因为高官厚禄而沾沾自喜，也不会因为穷困潦倒、前途无望而趋炎附势、随波逐流，在荣辱面前一样达观，所以他也就无所谓忧愁。庄子主张"至誉无誉"，在他看来，最大的荣誉就是没有荣誉。他把荣誉看得很淡，他认为，名誉、地位、声望都算不了什么。尽管庄子的"无欲""无誉"观有许多偏激之处，但是当我们为官爵所累、为金钱所累的时候，何不从庄子的哲理中发掘一点值得效法和借鉴的东西呢？

忠告二

感恩：活着，就要感恩

"活着，就要感恩"是稻盛和夫提出的"六项精进"中的一项"精进"内容。稻盛和夫说："感恩，非常重要，我们要感恩周围的一切，因为我们不可能一个人活在这个世界上。空气、水、食品，还有家庭成员、单位同事，还有社会——我们每个人都要在周围环境的支持下才能生存。这样想来，只要我们能健康地活着，就应该自然地生出感恩之心，有了感恩之心，我们就能感受到人生的幸福。"

心怀感恩，感恩是一种生活态度

稻盛和夫认为怀有感恩之心很重要。"对于努力和诚实所带来的恩惠，我们自然心怀感激之情。我们的人生道德标准就是在这些经历和时间中逐渐巩固定位的。回首过去，这种感激之心就像地下水一样滋养着我们道德的河床。"

他创建的京瓷公司，经历了日本经济快速成长、社会富裕的稳定时期后，开始走上正轨，规模也日渐扩大。虽然是通过自己的努力和诚信而取得的成功，但稻盛和夫还是心怀感激之情。

稻盛和夫在《活法》一书中写道："南无、南无，谢谢！"这简单的话语是他接触到的最早的感恩思想。从那时起，感恩的思想就深深地根植在他的内心。

稻盛和夫出生在鹿儿岛，在他四五岁的时候，父亲曾经带着他去参拜了"隐藏的佛龛"。这种佛龛是德川时代的净土真宗，后来被萨摩藩取缔，但人们仍旧暗中虔诚信仰。当稻盛和夫跟随父亲和参拜的一行人登上山后，来到了一户人家。光线昏暗的室内点着几支小蜡烛，一个穿着袈裟的和尚正在诵经。稻盛和夫和其他孩子一起盘坐在和尚的身后，开始聆听和尚低声诵读经文。参拜结束后，和尚告诉稻盛和夫："以后，每天要默念'南无、南无，谢谢'。这是在向佛表示感谢。"

就这样，稻盛和夫幼小的心灵里种下了感恩的种子。他回忆说："对我来说，这是一次印象深刻的经历，也是最初的宗教体验，那时教给我感激的重要性似乎奠定了我的精神原型。而且，即使今天，我每临大事，'南无、南无，谢谢'这种感激的话语也常常无意中脱口而出，或在内心深处响起。"

很多人都知道应该有感恩之心，但说起来容易做起来难，因为这需要我们长期地坚持一种心怀感恩的信念，这自然不是一件易事。当生活好起来时，很多人会心怀感激，因为我们都不愁吃穿用，所以感谢生活的施予；但也有些人在遇到好事时，一边说"太好啦，太好啦"，一边视之为理所当然，不知道感恩，可能在他们的心里甚至还要求得到更多。最终，这种人只会被幸福所抛弃。

当遭受挫折及灾难的打击时，许多人就很难再对生活说"谢谢"了，甚至会心生埋怨。生活中有好有坏，不能不感恩好运，也不可埋怨厄运。其实，越是生活陷入谷底的时候，我们越应该感谢生活，因为是这些磨难帮助我们成长。

稻盛和夫认为，若厄运来临，则感谢生活给予我们磨砺的机会；若好运惠顾，则更要表示感谢。常在心中说"谢谢""太感谢了"这些话，能让我们在无形中常怀感恩之心。

在生命的旅途中我们只有走一次的机会，或许我们会经历各种艰辛，或许能体验到各种愉悦。那么，我们怎样才能感受到幸福呢？稻盛和夫告诉我们：要感谢生命，因为只要活着就是幸福。

所以，在生活中无论面临好事还是坏事、幸福的惠顾还是灾难的打击，都要让感恩的信念常存心里。无论遇到什么样的命运，都不应该哀叹、怨恨、沮丧或抱怨，而要一直豁达地向前看，怀着感恩之心度过每一天。

感恩是我们每个人与生俱来的本性，它是深藏于我们内心的一种优秀品质，也是一种人们感激他人对自己所施的恩惠并设法报答的内在心理需求。

感恩既是一种美好的品质，更是一种人们对美好生活的追求。简单地说，感恩就是去感谢恩人，这是一种生活态度。怀着感恩的心，感恩面前一切美好的事物，那么生命便会创造出一份人间奇迹。现在许多新新人类都乐此不疲地与"世界接轨"，尽情地过着情人节、愚人节、母亲节、父亲节、圣诞节，却没有想到过感恩节。他们视幸福为天然，认为本来就应该是这个样子。他们大手大脚花父母亲的血汗钱，对父母的馈赠从不言谢，对朋友的帮助少有谢意，稍有不如意便大发牢骚，总觉得世界欠自己太多，社会太不公平，动辄诉诸暴力，或以死相威胁。这样，一不小心就走入两个极端：或者目空一切，或者内向自卑。

人们的这些心理偏差，都十分迫切需要感恩思想进入心灵深处来一次灵魂的洗礼。因为，感恩可以消解内心的所有积怨，感恩可以涤荡世间的一切尘埃。"感恩的心"是一盏对生活充满理想与希望的导航灯，它为我们指明了前进的道路；"感恩的心"是两支摆动的船桨，它将我们在汹涌的波浪中一次次争渡过来；"感恩的心"还是一把精神钥匙，它让我们在艰难过后开启生命真谛的大门！拥有一颗感恩的心，能让你的生命变得无比珍贵，更能让你的精神变得无比崇高！

试想一下，我们大家是否经常抱怨自己父母工作太忙而忽视了我们的存在，此时，你不妨用那颗感恩的心，来挖掘父母为我们所做的一点一滴。渐渐地，感恩的心就会取代抱怨。其实有的时候快乐很简单，只要你拥有一颗感恩的心，便会发现身边值得感恩的一点一滴。感恩的心看似无形，却很有必要，因为许多无法弥补的错误往往是因为忽略了那颗感恩的心。抱怨对人生永远是个负数，如果我们关注的是正确的东西，生活便能得到实质性的改善。感恩是一种处世哲学，感恩是一种歌唱方式，感恩是一种生活的大智慧，感恩更是学会做人的支点。生命的整体是相互依存的，每一样事物都依赖其他事物而存在。无论是父母的养育，师长的教诲，还是朋友的关爱，大自然的慷慨赐予……我们无时无刻不沉浸在恩惠的海洋中。感恩，是一个人的内心独白，是一片肺腑之言，是一份铭心之谢……所以感恩应该年年、月月、时时、刻刻、分分、秒秒。

　　只要我们能够拥有一种感恩的思想，它就可以提升我们的心智，净化我们的心灵。你感恩生活，生活将赐予你明媚阳光；你若只知一味地怨天尤人，其结果也只能是万事蹉跎！在水中放进一块小小的明矾，就能沉淀出所有的渣滓；如果在我们的心中培植一种感恩思想，那么就可以沉淀出许多浮躁、不安，消融许多不满与失意。因为感恩是积极向上的思考和谦卑的态度，当一个人懂得感恩时，便会将感恩化作一种充满爱意的行动，实践于生活中。同时，感恩也不是简单地报恩，它更是一种责任、自立、自尊和追求一种阳光人生的精神境界！一个人会因感恩而感到快乐，一颗感恩的心，就是一颗和谐的种子。

拥有一颗感恩的心吧！这会让你的生活越来越美好。

拥有一颗感恩的心，我们才懂得去孝敬父母。

拥有一颗感恩的心，我们才懂得去尊敬师长。

拥有一颗感恩的心，我们才懂得去关心、帮助他人。

拥有一颗感恩的心，我们就会勤奋学习，珍爱自己。

拥有一颗感恩的心，我们就能学会包容，赢得真爱，赢得友谊。

千万不要小瞧这颗感恩的心，它是你茫茫大海中的指向标，是你通向成功彼岸的风帆……拥有了感恩的心，你就拥有了一切。天地之间，万物有情，但凡生命，草芥也好，林木也好，海河也好，疆土也好，鱼鸟也好，兽禽也好，只要是动的，只要是思想着的，都过来吧，让我们永怀一颗感恩的心，不为什么，只为所接纳的和所给予的恩赐。

懂得感恩，感恩周围的一切

稻盛和夫是个很懂得感恩的人。因为对任何人、任何事都充满了感激之情，这使得稻盛和夫可以无私地为别人贡献自己的力量。

稻盛和夫说："在经营公司的过程中，我从年轻时起就常乘飞机去海外出差，伊斯兰教的清真寺、基督教的教堂，我经常光顾。我不懂基督教和伊斯兰教的教义，在祈祷时，不管是在教堂还是在清真寺，我都会低声诵吟'谢谢'，这种感恩之心一直保持到今天。我想，正是这种虔诚的感恩之心才造就了今天的我，造就了今天的京瓷。"

在稻盛和夫看来，只要活着，我们就要对一切事物都怀有感恩之心。我们应该感恩周围的一切，因为我们是一个大家庭里的一员，不可能单独生活在世上。大地、空气、水、食物，周围的许多事物支撑了我们的生存，给予我们很多帮助。仔细想一想，一个人能每一天都健康地活着，绝不是我们自己单方面的努力，是整个生活共同相帮相助的结果，这是多么的不容易！

因此，我们不要等到长大了才想起报答父母的养育之恩；不要等到孤单时才想起朋友；不要等到生病时才意识到生命的脆弱；不要等到分离时才后悔没有珍惜感情；不要等到腰缠万贯时才想起该去帮助穷人；不要等到别人跌落悬崖才伸出援助之手；不要等到临死时才发现自己从来没有真心去爱过火热的生活。只要我们活着，就要懂得深深地感恩。

就因为花儿不可能在一年四季都常开不败，也因为月亮不可能从月初圆到月尾，所以我们才有了对春天的向往，才有了对八月十五的期盼，于是，花好月圆成了最普遍的幸福生活的代言。幸福能给人快乐的感觉，常使我们陶醉于甜蜜的眩晕中；痛苦却让我们读懂了生命的深刻，从而令人成长。

对于幸福的体验以及追求，我们每一个人都会有所不同。饥寒交迫的人认为能一生衣食无忧便是幸福；身有残疾的人觉得能拥有健全的体魄就是幸福；生活富足的人坚信精神的充实才是最大的幸福。我们总是无法从眼皮底下、从手心实实在在握着的东西中去寻找幸福，感受幸福。最大的幸福似乎永远在离我们最远的地方，也许只有经过这千山万水的阻隔才能给予我们波澜壮阔的遐思。

就是因为我们的生活中有了太多的缺憾，所以我们才会有更多美好的追求，我们才不会停止前进的步伐。也许我们少了别人所拥有的，却得到了他人所无法收获的。抛却所有愤恨不平，抛却所有怨天尤人，让我们心怀感恩，感谢所有爱过我们的人，因为他们让我们沐浴了阳光；感谢所有伤害过我们的人，因为他们教会了我们成长；感谢生命中所有的快乐幸福，因为它们使心田洋溢着芬芳；感谢生活中所有挫折磨难，因为它们让心灵变得更为坚强。

其实，对于生活来说，它本身就是一种幸福，只要我们每个人的心中都萦绕着这么一首歌——《感恩的心》："我来自偶然，像一颗尘土，有谁看出我的脆弱？我来自何方，我情归何处，谁在下一刻呼唤我？天地虽宽，这条路却难走，我看遍这人间坎坷辛苦。我还有多少爱，我还有多少泪，要苍天知道我不认输。感恩的心，感谢有你，伴我一生，让我有勇气做我自己。感恩的心，感谢命运，花开花落，我依然会珍惜……"

并非只要有了生命，我们就可以拥有快乐幸福的生活。为了让我们的眼睛看到五彩缤纷的世界，让我们有一个和谐美妙的生存环境，让我们的鼻子嗅到各种各样的气味，让我们的生活充满风雨阴晴，大自然慷慨地施舍给我们青翠的山、澄碧的水、艳丽的花、嫩绿的草、挺拔的树、明媚的阳光、"润物细无声"的雨露。

我们要感恩自己的父母兄弟，因为我们的生命是父母所给予的，是他们将我们养育成人，是父母给了我们世界上最伟大而崇高的亲情，是父母让我们真正懂得了什么是骨肉至亲；是兄弟姐妹给了我们世界上最无私的真爱，是兄弟姐妹让我们懂得了什么是手足情深。"打虎要靠亲兄弟，上阵还需父子兵"，当你遇到生命的挫折、人生的艰难、生活的不幸时，第一时间赶到你的身边，和你分担痛苦的人是谁？一定是父亲、母亲，一定是哥哥、弟弟，一定是姐姐、妹妹！

我们要感恩于身边的朋友。所谓"路遥知马力，日久见人心""岁寒知松柏，患难见真情"。一个真正的朋友，能够让你永远都有一种坚实的依靠，他们不仅愿意和你同尝甘甜，而且能够和你共担苦难，甚至以生命来践行对你的承诺；我们要感恩陌生的路人，虽然他们不是你的亲人，不是你的师长，不是你的爱人，但是，你会在不经意间和他们在某一段生命的路途上相伴而行，你们可以聊聊天，可以解解闷，可以在遇到坎坷不平时互相搀扶着艰难前进，可以在需要跋山涉水时携手拼搏、并肩前行，他不会陪你走完人生的全部路程，但是，他陪你走过的这一段路程，不论是平淡无奇，还是扣人心弦，都会在你生命中留下或浅或深的印痕。

我们还应该感恩老师，因为他们为我们打开了知识宝库，给我们照亮了人生道路的灯塔，给了我们在人生大海上奋力拼搏的船桨；我们还要感恩尊长，是尊长让我们知道了什么是人伦道德，什么是新陈代谢，什么是"长江后浪推前浪"，什么是"老吾老，以及人之老"，什么是"幼吾幼，以及人之幼"；我们更应该感恩自己的爱人，是爱人和我们牵手同行，是爱人伴我们共走人生风雨路，是爱人和我们共同承担起赡养老人的义务，是爱人和我们一道肩负起养育子女的责任，是爱人和我们相濡以沫、无怨无悔。

让我们大家都在心中共唱一首《感恩的心》吧！这世界就不再是穷山恶水，人生就不再是波翻浪涌，生命就不再是暗淡无光，生活就不再是味同嚼蜡了。

我们每一个人其实根本没有必要太过于奢求什么，别过分去抱怨生活的不公、命运的不平、造化的弄人。相反，我们应该常怀一颗感恩的心。我们要感恩于大自然，感恩于父母兄弟，感恩于师长爱人，感恩于朋友路人，甚至感恩于我们的对手。一句话，我们要感恩于这个世界上一切有生命和没有生命的事物。

知恩图报，做人最起码的良知

人，应怀有一颗感恩之心，接受了别人的援助，至少应该发自肺腑地道声"谢谢"。

报恩不在乎物质的多少，也许帮助你的人当时并不图回报。但是作为接受帮助的人，于情于理都要表达自己的感恩之心。有成就的人都懂得要知恩图报，要报答恩人。正因为如此，树立了他们的威望，成就了他们的事业。

稻盛和夫是一位知道感恩的人，因为企业名称里包含了"京都"二字，他便对京都充满了感激和感情。在成为京都商工会议所会长后，他为京都和京都工商界做出了卓越的贡献，那时他才自豪地认为自己成了一位真正的京都人。

在担任会长一职后，稻盛和夫付出很大的精力为工商界和市民谋福利。当时，京都已经有很多著名的企业，这些企业的领导人都是不可多得的精英人物。稻盛和夫想道，如果能让这些精英人物贡献出自己的思想，对其他企业来说无疑是有益的。为此，稻盛和夫举办了"经营讲座研讨会"。

在担任京都商工会议所会长期间，稻盛和夫还凭借个人的影响力，促成了长期对立的佛教界和市政府的和解。并以京都市市长、京都佛教会理事长和稻盛和夫三人的名义，签署了《团结一心振兴京都旅游事业及考虑景观的城市建设》的联合声明。

事实上，稻盛和夫起初对成为京都商工会议所会长并无诚意。当前任会长约见稻盛和夫，希望他接任会长一职时，稻盛和夫婉言谢绝。前任会长指责他只关心自己的公司，一点也不愿意为京都做些贡献。一向强调社会奉献的稻盛和夫闻言大怒，厉声说："真是岂有此理！""为社会奉献是做人的头等大事，为了奉献社会，我成立了稻盛财团。"针对前任会长的言语挑衅，稻盛和夫回应道："为社会、为世人鞠躬尽瘁是我的人生态度！"

前任会长指出京瓷之所以能够发展到今天，是因为得到了京都人有形无形的关照，现在是应该报恩的时候了。通过此事，稻盛和夫对公职有了全新的认识，一改以往对工商界群体活动漠不关心的态度，并接受前任会长的建议，成为京都商工会议所会长。

在中华民族悠远厚重的文化演进中，先辈们早知感恩的重要性，诸如"衔环结草，以恩报德"之类的古训从小就印在大家的脑子中，这也是中华民族的传统美德，从未被遗忘。

知恩图报是我们民族质朴的传统，是做人的起码道德和良知，是立身处世的基础，更是构筑和谐人际关系必不可少的条件。知道并身体力行知恩图报的人，才有资格在天地间堂堂正正地做人。

看看下面这个故事，也许我们会对感恩多一分认识。

在一个闹饥荒的城市，一个家庭殷实而且心地善良的面包师把城里最穷的几十个孩子聚集到一起，然后拿出一个盛有面包的篮子，对他们说："这个篮子里的面包你们一人一个，在上帝带来好光景前，你们每天都可以来拿一个面包。"

瞬间，这些饥饿的孩子一窝蜂地涌了上来，他们围着篮子推来挤去，大声叫嚷着，谁都想拿到最大的面包。当他们每人都拿到了面包后，竟然没有一个人向这位好心的面包师说声"谢谢"。

但是有一个叫依娃的小女孩却很例外，她既没有同大家一起吵闹，也没有与其他人争抢。她只是谦让地站在一旁，等别的孩子都拿到面包以后，才拿起篮子里剩下的那个最小的一个面包。她并没有急于离去，她向面包师表示了感谢，并亲吻了面包师的手之后才向家走去。

第二天，面包师又把盛面包的篮子放到了孩子们的面前，和昨天一样，依娃还是最后去拿面包，当然她的面包还是最小的。当她回家以后，妈妈切开面包，许多崭新、发亮的银币掉了出来。

妈妈惊奇地叫道："立即把钱送回去，一定是面包师揉面的时候不小心揉进去的。赶快去，依娃，赶快去！"

当依娃把妈妈的话告诉面包师的时候，面包师面露微笑地说："不，我的孩子，这没有错。是我把银币放进小面包里的，我要奖励你。愿你永远保持现在这样一颗平安、感恩的心。回家去吧，告诉你妈妈这些钱是你的了。"

泰戈尔说："蜜蜂从花中啜蜜，离开时不忘道谢；浮夸的蝴蝶却觉得花是应该向它道谢的。"

感恩在困境中帮助过你的人，是他们让你坚定了信念。

没有谁有义务去帮助你，因此，当你得到他人的帮助时，应该心怀感恩，并向帮助你的人致以诚挚的谢意。

忠告三

善良：具有利他之心

稻盛和夫说：自利是人的本性，自利则生；没有自利，人就失去了生存的基本驱动力。同时，利他也是人性的一部分，利他则久；没有利他，人生和事业就会失去平衡并最终导致失败。什么是利他？稻盛先生在《活法》中说："利他之心，在佛教就是与人为善的慈悲心，在基督教就是爱。"

拒绝自私，帮助别人才能成就自己

利他实际上就是我们常说的利人、利他人。人们通过利他一方面满足了自己的需要，一方面又帮助了别人，这是一件快乐的事情，也可以叫作"利他不损己"。利他还有一种"与人方便与己方便"的良性循环结果，这是一件一生都应该坚持的好事情，这应该是一件发自内心自愿做的事情。

利他相反的一面是利己。利他和利己，好像一个跷跷板，多为自己一点，就少为他人一点，多为他人，自己的利益有时难免顾不上。如果你每次都能够选择"利他"的话，你一定会成功，就算不成功，你也会很快乐。相反，如果每次都选择"利己"的话，注定要失败，即使侥幸成功，也会非常不快乐。

稻盛和夫在他的大作《活法》一书中谈到"利他"的人生哲学观，他提出人的命运可以透过修因果来改变，修因果就是拒绝自私，凡事都以"利他"为出发点，帮助别人成功，最终最大的受益者还是你自己，因为你透过这种"利他"的因果循环，改变了你的命运，让你获致更大的成功。

稻盛和夫先生一生坚持"利他"的人生观，并且在实践中运用和推广，最终最大的受益者还是他自己，他一生创办了两个世界五百强企业，取得了巨大成功。

在27岁那年，他创办京都陶瓷株式会社（现名"京瓷"），京瓷成立第一年即实现了赢利，此后的50年更是年年赢利，从未亏损。52岁时，他创办KDDI（目前是日本第二大通信公司）。两家公司都曾入选《财富》世界500强企业。2010年，78岁高龄的他又临危受命，以零薪资，不带一兵一卒，接掌日航CEO帅印。

究竟是什么造就了稻盛和夫身上的经营奇迹？

稻盛和夫的回答很简单：无他，不过是在做任何经营决策时，都依据了"作为人，何为正确"的判断原则。他认为，要用"利他之心"去经营企业，利他之心就是一颗正确的心。

稻盛和夫将公司股票分给员工，自己却不占一股，因为他没有任何私心杂念为自己牟利。"利他"思想就是为社会、为世人勇于自我牺牲。大到为国家、为人民奉献自己的生命、创造巨大的效益，小到为干渴路人送水、为邻里做点小事，都是利他思想的开花结果。利他思想并非天生就存在，他需要我们不断进行自身的修炼，并教育我们的下一代。其实，我们在帮助和关爱他人的同时，也纯净了自己的心灵，福报也会降临在我们的身上。

稻盛和夫先生说过，利他其实最后利的是你自己。利他恰好与自私自利或侵犯相反，是为了使别人获得方便与利益，而不图回报的助人为乐的行为，是出于自觉自愿的一种利他精神的有益于社会的行为，是人们通过采取某种行动，一方面满足了自己的需要，一方面又帮助了别人。

在接手日航时，稻盛和夫一上任就给日航全体员工写信，传递他的"利他哲学"，鼓励日航员工更努力地工作，加上稻盛和夫带头身体力行，日航员工的心态逐步发生深刻的变化。有一次突降大雨，旅客托运的行李在搬运过程中淋湿了，在行李转盘的出口处，两位日航的年轻女员工，拼命用干毛巾一件一件擦净水迹，这样的情景自日航诞生以来"史无前例"。

其实，利他不是什么太难的事情，它体现在日常生活和学习中。比如，看到马路有井盖丢失了，放一个明显的标志提醒路人、在公共场合开门时为后面的人挡一下、乘坐电梯尽量往里面靠一下、为他人让个座位等，都是利他的行为。

利他就是利己，帮助别人才能成就自己。让我们细细品味这句富含哲理的话，它会给我们以启迪和方向，让我们在成长中学习，在学习中成长！

一天夜里，已经很晚了，一对年老的夫妻走进一家旅馆，他们想要一个房间。前台侍者回答说："对不起，我们旅馆已经客满了，一间空房也没有了。"看着这对老人疲惫的神情，侍者不忍心让这对老人出门另找住宿。而且在这样一个小城，恐怕其他的旅店也早已客满打烊了，这对疲惫不堪的老人岂不会在深夜流落街头？于是好心的侍者将这对老人引领到一个房间，说："也许它不是最好的，但现在我只能做到这一步了。"老人见眼前其实是一间整洁又干净的屋子，就愉快地住了下来。

第二天，当他们来到前台结账时，侍者却对他们说："不用了，因为我只不过是把自己的屋子借给你们住了一晚，祝你们旅途愉快！"原来如此，侍者自己一晚没睡，他在前台值了一个通宵的夜班。两位老人十分感动。老头儿说："孩子，你是我见到过的最好的旅店经营人，你会得到报答的。"侍者笑了笑，说这算不了什么。他送老人出了门，转身接着忙自己的事，把这件事情忘到了脑后。

没想到有一天，侍者接到了一封信函，打开一看，里面有一张去纽约的单程机票，并有简短附言，聘请他去做另一份工作。他乘飞机来到纽约，按信中所标明的路线来到一个地方，抬眼一看，一座金碧辉煌的大酒店耸立在他的眼前。原来，几个月前的那个深夜，他接待的是一个有着亿万资产的富翁和他的妻子。富翁为这个侍者买下了一座大酒店，并深信他会经营管理好这个大酒店。这就是全球赫赫有名的希尔顿饭店首任经理的传奇故事。

这则故事告诉我们：遇到事情时一定要肯替他人着想，替他人着想也就是为自己着想。替他人着想，是一种胸怀，一种博爱，一种境界。

学会关爱，拥有一颗同情心

1997 年 9 月，稻盛和夫在京都的一个名叫圆福寺的寺院剃度，被赐法号"大和"。他原计划 6 月出家，可就在这之前的体检中，被诊断为罹患胃癌，于是，稻盛和夫匆忙进行了手术。9 月 7 日，他以俗家之身皈依了佛门。

两个多月以后，稻盛和夫入寺庙进行了短期的修行。也许因为大病初愈，修行相当艰苦，但他经历了今生难以忘怀的事情。

初冬之时，稻盛和夫头戴竹斗笠，身着青布袈裟，裸脚穿草鞋，站在每家每户前诵经、请求布施。托钵化缘对他这病后之躯实在是一件极为艰苦的事，而从草鞋露出来的脚趾头被沥青划破渗出了血，稻盛和夫强忍病痛行走了大半天，身体像用久的破抹布一样，累得几乎要散架了。

尽管如此，稻盛和夫还是坚持和前辈修行僧一起化缘了好几个小时。黄昏时，他拖着筋疲力尽的身体、迈着沉重的脚步走在返回寺庙的路上，路过一个公园时发生了一件事。正在打扫公园的身着工作服的老婆婆注意到他们一行人，老婆婆一只手拿着扫帚一路小跑来到他们跟前，另一只手向稻盛和夫的行囊里丢进了500日元的硬币。

这一瞬间，一种前所未有的感动贯穿稻盛和夫的全身，心里顿时充满了难以名状的幸福感。虽然老婆婆看上去生活不是十分富裕，却毫不迟疑，也不见丝毫傲慢地给了稻盛和夫一介修行僧500日元。通过老婆婆自然而然的慈悲行为，稻盛和夫深深感受到了神佛的爱。把自我利益置于一旁，首先对他人流露出悲悯之心——老婆婆的行为是微不足道的，但稻盛和夫认为它是人世间思想和行动中的最善最美。这个自然的德行教会了他"利他之心"的精髓。

与稻盛和夫素不相识的老婆婆，在凭借自己劳动艰难度日的情况下，见到衣衫褴褛、身心疲惫的"修行僧"稻盛和夫，毫不犹豫地给予施舍，表现了老婆婆体谅他人的情怀和具有博大同情心的高贵品质，对于当时身价巨富的稻盛和夫来说，感到从未有过的幸福感。在当时的瞬间，"利他之心"的精髓再一次深深触动了他。

我国伟大的思想家、教育家孔子说过："君子坦荡荡，小人长戚戚。"要做一个君子，首先必须拥有同情心，因为它是善良、爱心、善心的体现。

同情心是人性光辉中最温暖、最美丽、最让人感动的一缕温情。没有同情心，就不可能有内心的平和，就不可能有世界的祥和与美好。有了同情心，就有真心爱父母、爱他人、爱自然的基础和可能。一个富有同情心的人，就像一盏明灯，既照亮了周围的人，也温暖了自己。

孟子说："恻隐之心，仁之端也。"在生命与生命的互动中，没有同情心，就没有爱，也就没有道德，或不会产生真正的道德。热爱生命是幸福之源，同情生命是道德之本，敬畏生命是信仰之端。

2011年10月13日，一名2岁女童王悦在广东省佛山市国际机电五金城一街道被一辆面包车撞倒后又遭碾轧，之后将近7分钟时间，还有呼吸的小悦悦一直孤零零地躺在路边，18个路人先后经过，但都当作没看见，若无其事地走过，而期间孩子又被一辆货车碾轧过去。两车先后碾轧2岁女童，18个路人冷淡走过，不闻不问，最终小悦悦被第19个路人抱到路边，随后才被送往医院抢救，但是，七天后，顽强坚持了七天的小悦悦还是离开了人世。

这件事令国人发人深省。那18个路人，他们不去管小悦悦是因为什么？也许，他们其中的某一个人，哪怕只是打一个电话报警或打急救电话，那么，一切就会改变：小悦悦不会死去，她的亲人也不会悲痛欲绝。那18位路人的人性淡漠到连一个生命垂危的孩子都不愿帮助，他们是在害怕什么？他们是在逃避什么？是世俗的偏见将人们的同情心都吞噬了吗？那为什么第19位路人又将王悦送到了医院？

如果人人都有一点同情心，那么，这件事还会是这样吗？还会有这样的惨剧吗？

同情心是一种对他人的不佳处境、遭遇在情感上激起的共鸣，是分担他人的苦、难、忧、愁、悲、痛，并出自内心地在行动上给予应有的慰藉、关心和帮助的道德情感。

请看下面两则案例。

丛飞，感动中国人物，深圳歌手。从1998年起，为资助一个街头残疾乞丐，他拿出仅有的两万七千元演出费，一直到丛飞生命的结束。他无时无刻不在为需要资助的人着想。在丛飞的身上我们看到了一颗伟大的心，一颗伟大的同情之心。

　　据报道，2007年7月9日下午，六人在黄河边游泳时发生不幸，两人溺水，其中一人被及时救起，另一人沉入水底。事件引起近千名群众围观，闻讯赶到的水上派出所民警叫来羊皮筏子下水营救，可是筏子客因费用问题几次放弃打捞。为了及时将溺水少年救起，4名好心市民冒着生命危险下水展开义务营救，可是没想到围观群众竟鼓掌起哄，嘲笑营救者。

　　有的农民工在讨薪时以跳楼等方式威胁时，围观者不是想办法救人，反而鼓励当事者往下跳，精明的小生意人还在下面卖望远镜。

　　这些阳光下的罪恶确实反映出人们之间缺乏最基本的同情心，把自己的快乐建立在别人的痛苦和生命的消失之上。

　　同情心是一种感情黏合剂，它能使你与自己的心灵和周围其他人的心灵联系起来。尼采曾说过：同情是一切道德的基准。细细品味，不无道理。一个人，只有深怀一颗同情心，才能从感性和理性的角度更好地去认识这个世界；只有深怀一颗同情心，才能更深刻地了解世间万物的喜乐哀愁；只有深怀一颗同情心，才能使自己成为人格更加高尚、品质更加健全的人；只有深怀一颗同情心，才能在别人需要你时雪中送炭。

善意思考，懂得宽容与体谅

有人说，在人类的灵魂里同时住着魔鬼和天使，他们一直在角斗。魔鬼一定代表罪恶；天使一定代表善良。魔鬼与天使的差别往往只是一念之差、一步之遥。

善恶一念之间，但为善还是为恶，是可以通过思维控制的，善意的思考和恶意的思考自然而然就导致事物最终走向不同的结果。

比如，在和他人发生争执的时候，特别想驳倒对方或者希望对方自己承认缺点，总之，在解决类似的问题时，是否宽容、体谅对方会直接导致不同的结果。

的确，很多时候，事情的结果往往取决于我们的思维方式，如果我们选择善意的思维方式，那么，种出的就是善果；如果我们选择恶意的思维方式，种出的自然就是恶果，也终将害人害己。

为此，在你的人生旅途中，也应该警醒自己，心存善念，多为他人着想，那么，你的人生旅途将会越走越宽。

那些真正能善待他人的人才是真正的赢家，因为他们会利用"人情味"来俘获他人的心，即使对方是敌人，也能化干戈为玉帛。通常情况下，人们都有一种心理，那些一直反对自己的人如果能肯定自己甚至愿意与自己交好，他会备感惊喜；而如果当我们身处不利的环境下，对手能拉我们一把，我们甚至会感恩戴德。古往今来，很多成功人士都是利用人们的这一心理来俘获对手的。

有一年，一个亡命之徒为了向企业要挟钱财竟在娃哈哈果奶中投毒，导致两名小学生中毒，而国内一家报纸在未对事实进行核实的情况下擅自刊出了中毒新闻，一时间有五六家媒体进行转载。

恶性事件发生时，娃哈哈集团的董事长宗庆后正在国外考察，当他得知这一情况后，立即打了两个电话：一个打给宣传部门，希望制止这一极易形成模仿效应的新闻继续传播；另一个打给了对手乐百氏总裁何伯权。何伯权当即在第一时间通电全国的营销公司，严令禁止传播、转载这一新闻。而彼时，一些小的果奶企业却以为天赐良机，纷纷把刊发中毒新闻的报纸广为散发，或传真给有关的经销商。

事后，有记者问何伯权，为什么不抓住这一"机会"打击一下娃哈哈？何伯权说："这种恶性事件的扩散是对整个果奶市场的伤害，乐百氏如果借机贸然出手，其结果是往自己的脸上打重拳。"

当乐百氏的竞争对手遭遇危机时，作为乐百氏总裁的何伯权却并没有乘机打击对手。的确，任何人失败都有其失败的原因，任何人成功也有其成功的原因，何伯权有今日的成就，与这种大气的做人、做事的态度是有极大关联的。

现实生活中，有一些人把对手视为心腹大患、异己、眼中钉、肉中刺，恨不得马上除之而后快。这种心态是错误的，其实，你不妨想一想，人生在世，多一个朋友比多一个敌人要好得多，尤其是当其落难的时候，不妨帮他一把，他会把你当成患难之交。

曾经有这样一个故事：

一位女士用200元假币买了一袋大米，卖米的那对农民夫妇在返回的路上，又遇上买米的那位女士，她不知为何跌伤，在路边痛苦地呻吟着。农民夫妇见状立即相助，将其扶上手推车送到医院。待安置妥当后，二人意欲告辞，谁知那位女士一把拉住他们的手，羞愧地相告："我买你们大米的钱，用的是假币。"说罢，拿出两张100元真钞，塞到农民夫妇手里。

这个故事有点戏剧性。农民夫妇以其质朴和善良使得那位女士良心发现，痛改前非。仅仅是一步之遥，她没有跌进良心的谴责之中。有时候，一步之遥的距离可以改变一个人的一生，而更多的时候，我们却无勇气去迈出这一步。

生活中有许多这样的"一步之遥"，真与假、善与恶、美与丑，都取决于这一步之遥，这其中的关键在于你如何把握自己，不偏离人生的航线。

当然，有个问题必须注意，即博爱和宽容不应该仅仅是挂在终日喋喋不休的嘴边，而是要镌刻在心里。以仁爱之心去爱人，无论是对我们的朋友或者曾经的敌人，用我们的真诚去打动每一个人，即使真的做一次东郭先生又何妨？

孔子曾说："躬自厚而薄责于人。"也就是严于律己宽以待人，这也是宽容。

法国文学大师雨果曾说："世界上最宽阔的是海洋，比海洋宽阔的是天空，比天空更宽阔的是人的胸怀。"他用优美生动的语言对宽容进行了极好的诠释。

宽容是一个令人神圣的字眼，也是一个神圣的概念，还是一种人类精神。宽容是一种善，是一种美，是一种人性，是一种博大的胸怀与气度！

因此我们说，一旦学会了宽容，那么对别人、对自己都是非常有好处的。综观历史上那些善于妒忌之人，遇到一丁点的小事便开始怨天尤人，这些人纵然学问再怎么好，到最后也难成大器。周瑜是个卓越的军事家，才能极其出众，足智多谋。可是，当他得知诸葛亮的神机妙算后，自知不如，却不甘落败，于是整天盘算着如何打败诸葛亮。最后在发出了"既生瑜，何生亮"的凄叹之后，落了个吐血身亡的结局。倘若周瑜能宽容大量，一定不会有如此的结局！

多一分宽容，就会多一分理解，多一分信任，就会多一分友爱。宽容地对待别人，我们就会得到退一步海阔天空的喜悦，得到化干戈为玉帛的喜悦，得到人与人之间能够相互理解的喜悦。

"一只脚踩落在了一朵紫罗兰花的上面，紫罗兰却把花香留在了脚后跟，这就是宽容。"有位心理学家曾说："人类要开拓健康之坦途，首先就要学会宽容。"当我们学会了宽容别人的时候，我们就学会了善待别人；当我们学会了善待别人的时候，我们就享受到了体验快乐的感觉。

美国著名的成功学家卡耐基在对全球 120 名成功人士的调查研究当中，发现他们都有一个共同的特点，那就是能够搞好身边的人际关系，因为他们都拥有一颗宽容的心。名人如此，平常老百姓更是这样。那些百岁老人健康的身体无不令人羡慕，而他们之所以能够长寿，除了注意保养，有着健康的生活习惯之外，其中更为重要的是他们为人处世都十分的大度，有一种乐观豁达的心态。这使得他们很少有烦恼，一天到晚总是乐呵呵的，神清而气爽，这样自然就可以长寿了。由此我们明白了，宽容能使人幸福。

忠告四

知足：控制私欲，消除贪婪之心

"坚持正确的做人之道，摒弃一己私欲体恤他人"，这是稻盛和夫终身的思想原点。稻盛和夫认为，人类应该控制自己的私欲，要懂得知足。制欲与利他是一个问题的两个方面，制欲是为了利他，利他必须要制欲。只有克制私欲，才能得到别人的尊重，才能收获无限的快乐；只有克制私欲，才能知足常乐，才会有更加幸福的生活。

知足常乐，懂得自我节制

稻盛和夫在他的大作《活法》中，通过对日本社会、经济状况的剖析和对自然界中生存规律的解读，来告诉我们，节制欲望、懂得知足是多么的重要。他是这样阐述的：

审视每四十年一循环的盛衰起落，可以看得很清楚，日本这个国家一贯的方针，都在追求物质的富裕，与别国竞争。尤其在第二次世界大战以后，在"经济增长至上主义"的旗帜下，无论企业还是个人，都不遗余力地、无止境地追逐利益和财富。

现在，社会、经济持续停滞，要求从根本上转换观念的呼声日益高涨。即便如此，状况却仍然没有什么改观，人们为 GDP 百分之零点几的增减或喜或忧。我们许多人把经济增长几乎当作是唯一的"善"，争先恐后，希望增长再增长。

从本质上讲，这是一种霸道的哲学，就是把欲望当动力，依据优胜劣汰的原理，让物质追求压倒一切，正是所谓"求利无道"。我们的国家也好，个人也好，至今没有从这种利欲的束缚中解脱出来。

然而到了今天，显而易见，这种单一的价值观事实上已经难以为继。过去，我们只是从经济增长中寻求国家认同。但在今后，如果重复这样的思路，只能是再次盲目地跨进四十年一次的盛衰循环，而这一次衰败的程度甚至可能不亚于第二次世界大战的惨败。堕入"下一个巨大谷底"的曲线已经开始呈现，减缓这种下滑的速度变得越来越困难。

国家和地方的财政赤字不断增加，行政和财政的改革停滞不前，少子高龄化的趋势使社会的活力下降等，各种征兆已经凸显出来。如果还是袖手不管，到下一个四十年，即2025年前后，不仅未来的展望无从谈起，连国家本身都可能面临覆灭的危机。

问题已经迫在眉睫，现在就有必要建立新的国家理念，建立新的个人生活的指针，用以替代"经济增长至上主义"。同时，这还不仅仅是一个国家的经济问题，而且也是涉及整个国际社会和地球环境的极其重大且紧急的课题。为什么？因为人类基于贪得无厌的欲望，而无止境地追求增长和消费，这种做法如不改变，不仅有限的地球资源、能源终将枯竭，而且整个地球环境也将被破坏殆尽。

换言之，再这样下去，不仅日本这个国家将归于破灭，而且我们人类将亲手把自己赖以生存的地球毁灭也未可知。不管有没有察觉到这个危机，在行将沉没的船舱中，我们照样追求奢华，醉生梦死——这种行为空虚而且危险，尽快意识到这个问题的严重性，建立新的哲学，描绘新的航图，已经刻不容缓。

那么，这种新的哲学究竟是什么呢？用一句话概括就是"知足"。知足就是今后的日本和日本人最基本的生存哲学。同时还包括伴随知足之心而来的"感谢""谦虚"、关爱他人的"利他"的思想和行为。

知足这种生存模式自然界里就有，食草动物吃某些植物，食肉动物又吃这食草动物，食肉动物的粪便和尸体返归土壤，变成肥料滋养植物。从广义的角度看，貌似弱肉强食的动植物界，实际上处于协调平衡的生物链之中。

与人类不同，动物自己不会去破坏这种自然的循环。假如食草动物贪得无厌把植物吃光，生物链断裂，不仅食草动物自己无法生存，生物链中的其他生物也将面临灭绝的危险。因此，它们从本能上懂得节制，没有超越自身需求的贪婪。

狮子饱腹以后不再捕捉猎物，这是本能，也是造物主赐予的"知足"的生存方式。正因为它们从本能上懂得知足，才能长期维持自然界的和谐与稳定。

人类也应该从自然界中学习"节制"。人类原本也是自然界的一员，也曾理解自然的法则，自己也处于生物链之中。后来，人类从食物链的制约中解放出来，单独摆脱了循环的法则，同时也失去了与其他生物共同生存的谦虚。

在自然界，只有人类才具有高度的"知性"，可以大量生产粮食和工业品，还能够不断开发新技术来促进生产效率的提高。但是，人类因为具备"知性"而逐渐变得傲慢，企图支配自然的欲望不断膨胀，同时"知足"这道自我节制的防线消失，还想要更多，还想更加富裕，这种贪婪之心赤裸裸地凸显出来，终于威胁到自己赖以生存的地球环境。

从上面这段论述可以看出，在稻盛和夫看来，维持人类社会健康发展的，就是"知足"这种生存方式，只有"知足"，才能让我们生活得幸福。

力戒贪婪，用理智驾驭欲望

稻盛和夫说："欲望、愚痴、愤怒这三毒是使人类苦难深重的元凶。是想躲也躲不掉、纠缠在人们内心而不可分离的'毒素'。"他认为，在生活中为欲望所迷失、困惑，是人类的本性。如果放任自流的话，人类就会在追求财产、地位、名誉的道路上无限制地跑下去，直至精疲力竭。

稻盛和夫曾给他的员工们讲述过一个释迦牟尼用来比喻人类欲望的寓言故事，告诫他们要控制自己的欲望。

深秋的一天，枯木瑟瑟中，有位路人急急忙忙往家里赶。突然，他发现自己的脚下散落着很多白色的物体，不知道是什么。再仔细一看，原来是人的骨头。

为什么在这里会有人骨呢？这位路人感到毛骨悚然又不可思议，他继续前行，突然发现一头咆哮的猛虎向自己迎面走来。

路人大吃一惊，原来地上散落的就是被这只猛虎吃掉的可怜的同路人的骨头啊！他一边想着一边慌忙转身，朝来时的方向飞快地逃跑。他跑着跑着就迷路了，出现在眼前的是一处悬崖峭壁，悬崖下面是波涛汹涌的大海，而后面是步步紧逼的老虎。进退两难之中，路人爬到了一棵长在悬崖边上的松树上，老虎也张开大爪往松树上爬。正在万念俱灰之际，他看见眼前的树枝上垂下一根藤条，便顺着藤条小心翼翼地溜了下去。谁知，藤条的一端突然断了，路人被悬在空中，上下不得。上面的老虎舔着舌头，虎视眈眈；而在身后，波涛汹涌的大海上有赤、黑、青三条龙严阵以待，要把他吃掉；藤条的那端还传来吱吱的响声，路人抬眼一看，只见两只黑白老鼠正在啃藤条的根部。

在这种情况下，他认为首先应该赶跑老鼠，于是他试着摇了摇藤条。他感觉到，有湿热的东西掉在自己的脸上，他用手沾了一下，放到嘴里尝了尝，发现是甜甜的蜂蜜。原来，藤条的根部有蜜蜂巢，所以每一次摇动都会有蜂蜜掉下来。

路人喜欢上了蜂蜜的甘甜味道，竟然忘记自己已置身于穷途末路中——尽管处于龙虎争食的夹缝中，且唯一救命的藤条也正在被老鼠啃食，但他还是一次又一次地摇晃这根救命绳索，陶醉于蜂蜜的甘甜中。

稻盛和夫解释道，故事里的老虎代表死亡或生病；松树代表世上的地位、财产和名誉；黑白老鼠代表白天和黑夜，即时间的推移；赤龙代表"愤怒"，黑龙代表"欲望"，青龙代表嫉妒、仇恨等"愚痴"——即佛教所谓的"三毒"。

人类的本能使我们在不断受到死亡的威胁和追逐时仍然执着于生命。可是，生命却像藤条一样飘摇无常，并不可靠。藤条随着时间的推移而消磨，我们年复一年，越来越接近似乎已经逃离了的死亡，但是，即使以缩短自己的寿命为代价，我们仍然对"蜜"欲罢不能。

所以，在生活中要尽可能地远离欲望。稻盛和夫认为，即使不能完全消灭"三毒"，也要努力自我控制并抑制"三毒"。

那么该如何消灭或控制"三毒"呢？

稻盛和夫认为，这并没有什么捷径，只有靠自己平日里勤勤恳恳地积累诚实、感谢、反省等"平易的修行"，或者要求自己在平日里养成理性的判断习惯。平时在面对各种各样的判断时经常问问自己："这个想法里是否有自己的欲望在起作用？是否混杂了个人的私心？"如此这般，在下结论以前，先加个"理性的缓冲"，就能够做到不是出于欲望而是尽可能基于理性的判断。

人，只有将心中的欲念放下，才能不被束缚。古语说："壁立千仞，无欲则刚。"崖壁之所以能屹立千丈之高，就是因为它没有欲望才没有偏塌。所以，人只有放开双手，放下对欲望的执着，才能不被束缚。

稻盛和夫说："抑制欲望和私心本身，就是接近利他之心。利他之心是人类所有德行中最高、最善的德行。"

一个人懂得抑制自己的欲望，肯定是看到了他人的需要。但是如果当一个人是为了得到更多利益而暂时抑制了自己的私欲，那就不是利他，仍旧是利己的行为。如果一个人能够忽视自己的利益而想着他人，就不会被自己的欲望所迷惑，于是他能消除心灵的污秽，从而使灵魂得到净化，美好的愿望也才能得以实现。

平和坦然，拥有一颗平常心

1997 年 6 月的一天，一位 65 岁的老者去医院检查，医生遗憾地告诉他：已经患了胃癌。但这位老者似乎没有一点恐惧，只是淡淡地反问求证了一句，然后跟没事人似的，走出了医院的大门。

突然降临的绝症并没有丝毫扰乱这位老者的心境和行程。从医院出来后，他搭乘新干线列车，应邀去日本本州岛西侧的冈山县，为一批中小企业家做演讲。演讲完后，他兴致颇高，又跟一些学员去喝酒聊天，直到深夜才回家，然后一如平常地上床休息。

这位老者就是日本素有"商界哲学家"之称的稻盛和夫。稻盛和夫之所以能够如此坦然，是因为他已经不是第一次面对死神的"眷顾"了。在孩提时代，他曾被当时的不治之症"结核病"折磨得奄奄一息，可最终还是挺了过来。

更为重要的是，没有被死神夺去生命的稻盛和夫在数十年如一日的修炼中，他的人格、精神、心智和意识已经日趋成熟，凡事以一颗平常心看待生活。经历了一些事情后，他的心理承受能力日趋增强，始终以平和、坦然的心态对待身边的人或事。

稻盛和夫常常说："我们应该用平常心来看待事情……问题才会豁然开朗，并出现简单的解决方式。但是，若我们首先抛不开自大的天性，双眼就会被欲望的云层所蒙蔽……"

一个具有平常之心的人，当受到挫折、失意时，他不会被这些负面情绪所激怒，不会伤害他人的感情，不会影响他人的生活，更不会整日闷闷不乐，而是会欣然接受，泰然处之。他能把平凡的日子变得富有情趣，能把沉重的生活变得轻松活泼，能把苦难的光阴变得甜美珍贵，能把烦琐的事情变得简单干练。因为更多的时候，生活不是追求繁华，而是求得内心的平静与安宁。

当今社会，挣钱的门路很多，贫富差异比较大，没有平常心，难以找到平衡点。平常心是化解人生烦恼的一剂良药。拥有一颗平常心，就不会只追求物质的奢华，而把自己的灵魂淹没在如潮的尘海中。始终以平常心去看待发生于周围的一切，以平常心对待别人和自己，会给自己的生活和工作带来许多乐趣。无论在什么样的位置，无论从事什么工作，只要保持平常心，就能够在普通或者不普通中发现自己的价值，感受生活的美好。

来看这样一个小故事。

一个在读 MBA 的留学生到华尔街附近的一间餐馆吃饭，厨师问他毕业后有什么打算，他说：希望完成学业后最好进入一流的大企业工作。而厨师却说：如果经济再低迷下去，餐馆不景气，我就只好去做银行家了。原来厨师以前在华尔街的一家银行上班，天天早出晚归，没有一点自己的业余生活。可他一直都很喜欢烹饪，最终他下定决心摆脱了机器般的刻板生活，选择了他热爱的烹饪事业，生活比以前要愉快百倍。

这个故事耐人寻味，它告诉我们：要保持一颗平常心，首先要学会过一种淡泊宁静的生活。淡泊的人生是一种享受，一个完美的人生，不见得要赚很多钱，也不见得要有很了不起的成就，少一些物质追求，少一些对名利的向往，在一种简朴平淡的生活中，按照自己的原则做人，活得快乐而自我，也是一种上乘的人生境界。一个人成功与否，不需要别人来衡量，只要自己觉得快乐幸福，此生便无怨无悔。

忠告五

谦逊：低调是一种人生态度

　　稻盛和夫在年轻的时候，就将中国的一句古话——"为谦是福"作为自己一生恪守的格言。他深知，不谦虚就不能得到幸福，得到幸福的人都拥有谦虚的生活态度。在京瓷还是中小企业的时候，稻盛和夫就用谦虚的心态来经营公司，才使得其顺利地发展，规模不断地扩大。

保持谦虚，低调做人是成熟的标志

在这个错综复杂、五彩缤纷的世界上，不同的人有不同的命运，有的人一生乐观豁达、与世无争，他们谦虚好学，平步青云，一路欢乐，让人赞扬和钦佩；而有的人则骄傲自满、处处受阻，最终导致郁郁寡欢，碌碌无为，抱恨终生，遭人非议、鄙视、唾弃。很明显，我们都愿意选择前者，其实，这两种人生境遇的差异，究其原因，是做人的态度不同。低调做人是一种生存的大智慧，是一种韧性的技巧，是做人的一种美德。

任何人潜意识里都是争强好胜的，自负是人的本性之一。你的自我表现和炫耀往往会刺伤别人，谦虚正是使你人际交往中受欢迎的有效方法。任何一个人都应该记住，谦虚的人才会在人生路上得到他人的帮助，一路收获成功与友谊。稻盛和夫就是这样一个懂得谦虚的人。

在精密陶瓷这个未曾开拓的领域，他开发了很多新技术和新产品，京瓷以惊人的速度成长。同样，KDDI 的发展也令人惊叹。周围的人异口同声称赞他，甚至吹捧他，聚会时奉他为上宾，让他坐上席，要他致词介绍经验。面对这些，稻盛和夫毫不隐瞒地说自己也开了一些思想上的"小差"。他是这样说的："虽然我不断自我告诫要虚心，但久而久之，有时仍不免自我陶醉，在心底一角冒出自满情绪。我那么拼死努力，业绩如此辉煌夺目，接受这样的礼遇不是理所当然吗?"

但稻盛和夫的自我反省意识是很强烈的，他很快意识到自己思想的不正确——"不行不行! 自满情绪要不得"。于是立即检点反省自己，即便后来他来到寺院修行，依然会出现这些心理上的反复。

稻盛和夫是这样告诫自己的："仔细想来，我所具备的能力，我所发挥的作用，并没有非我不可的必然性。别人拥有同样的才能，扮演与我相同的角色，也没有任何不妥当，没有任何不可思议之处。至今，我所做的一切，别人也可以取而代之。所有这一切都是上天偶尔赏赐于我，我不过努力加以磨炼而已。我想，任何人的任何才能都是天授，不! 才能只是从上天借来之物。因此，杰出的才能，以及由这才能创造的成果，属于我却不归我所有。才能和功劳不应由个人独占，而应该用来为世人、社会谋利。也就是说，自己的才能用来为'公'是第一义，用来为'私'是第二义。我认为这就是谦虚这一美德的本质所在。"

有人会认为，稻盛和夫今天的成功，是得益于拥有先进的技术，甚至觉得是他赶上了好时候，运气好。但我们试想一下，稻盛和夫在创建京瓷之初，小试牛刀并获得了成就后，如果得意于一时的成果，而不是再接再厉地进行科研创新，不以谦逊的姿态去创造更大的成就，那么他就不可能将京瓷做大做强，他的陶瓷技术也不可能达到领先世界的水平。

当今社会，有很多人执着于对金钱的追求，他们通过多种渠道获得了金钱，取得了"成功"。但是他们不懂得谦虚，甚至蔑视他人、傲慢自居。稻盛和夫极力批判这种不知谦虚、为富不仁的行为。他说："在这个世界上，有些人用强硬手段排挤别人，他们看上去也很成功，其实不然。真正的成功者，尽管胸怀不一般的热情，有斗志、有斗魂，但他们同时也是谦虚的人、谨慎的人。谦虚的举止、谦虚的态度是人生中非常重要的资质。"

经历困难时，大多数人可以用坚强的意志来激励自己克服艰难，但是当一个人得到了名望、他人的崇拜以及事业上的辉煌时，他往往就会沉醉于他人的夸赞、鲜花和掌声中，这样，他就很难再保有身处困境时那种谦虚学习、不断进取的精神了。所以，成功往往也是一种对于谦虚的考验。

唐朝的大书法家柳公权，年轻的时候就写得一手好字。他曾经不无骄傲地在墙上写道："会写飞凤家，敢在人前夸。"一个卖豆腐的老人看到后说："这字写得并不好，就像我们的豆腐一样，软塌塌的，没有筋骨，不值得在人前夸耀。"柳公权听后，很不高兴地说："有本事，你写几个字让我看看。"老人便用脚写了几个字，柳公权看了目瞪口呆，随即扑通一声跪在老人面前说："我愿意拜您为师，请您告诉我书写的秘诀。"老人看柳公权苦苦哀求，便在地上铺开一张纸，写道："写尽八缸水，砚染涝池黑；博取百家长，使得龙凤飞。"最终，柳公权因为谦虚好学、勤奋练习而成为一代书法大家。

这个故事告诉我们，戒骄戒躁、谦虚好学，不仅可以使人进步，还能磨炼人的心性。

稻盛和夫告诫我们，人生是大大小小、各种各样的苦难和成功的串联，其中每一样都是一种考验。事业顺利不顺利，身体健康不健康，运气是好还是坏，甚至我们生活的环境舒适不舒适，都是上天所安排的，是为了磨炼我们的灵魂而赐予我们的。稻盛和夫认为，人生就是"灵魂修炼之所"，而谦虚的心态能让灵魂变得高尚。

因此，对于那些年轻人来说，一定要谦虚。低调做人是成熟的标志，是保护自己的一种策略，也是为人处世的一种基本素质。年轻人应该像向日葵一样，在成长的过程中，它们镶嵌着金黄色的花瓣，高昂着头，但一旦籽粒饱满，便会低下沉甸甸的头，因为它成熟了、充实了。

◇ 保持谦虚，低调做人 ◇

我经常听到大家称赞你。

是啊，这也让我容易骄傲自满。

真正的成功者都是谦虚的人。谦虚的态度是人生中非常重要的资质。

当一个人得到了名望、他人的崇拜以及事业上的辉煌时，他往往就会沉醉于他人的夸赞、鲜花和掌声中，这样，他就很难再保有身处困境时那种谦虚学习、不断进取的精神了。

虚心有容，不要自以为是

稻盛和夫主张，获得成功后要学会回归原点，用纯朴之心去开创另一番成功的景象。所谓"纯朴之心"，就是勇于承认自己的不足之处，由此才能保持谦虚谨慎的姿态。富有能力的人、性情急躁的人、自我意识强的人，往往不善于听取别人的意见，即使听了，也会反驳。但是，真正能够上进的人，应该怀有纯朴之心，应该经常听取别人的意见，经常自我反省，正确认识自己。有了这样的心性，这个人的周围才会有志同道合者的聚集。如此不断地凝聚力量，才能够使事业顺利发展。

其实，一个人就好比一个能无限续水的杯子，成功到来时，是用满杯的姿态去面对，还是用空杯的心态来迎接，这决定了我们能否取得更大成功。获得成功的人不能像一只装满水的杯子，那样的话再想往里面添加水是很困难的，只有怀着"我还有不足之处……我应该虚心听取他人的意见"的想法，将充溢着成功与自豪的脑子清空后，才能看见更美的风景。做人就是如此，骄傲自满的人只会被别人疏远，而只有谦逊踏实生活的人，才能得到他人的帮助。

俗话说"金无足赤，人无完人"，无论是谁，都有优点、长处，也都有缺点、短处。人想要进步，就必须虚心向别人学习，做到取人之长补己之短，如此，才会有进步。然而，生活中有一些人，在他们的眼里，谁都不如自己，他们目空一切。也许他们是有很多过人之处，但任何人都不是全才，如果停止了学习的脚步，就会故步自封、止步不前。而只有取人之长补己之短，才能做到不断完善自己，少走很多人生的弯路。

对此，稻盛和夫说，要始终保持谦虚谨慎的态度面对人生，因为只要以一颗谦虚的心面对人生，人就会专注自己的工作，就会坚持努力工作，内心便会处于一种不知足、积极进取的状态，他的内心一定会这样说：我还有很多不足之处，还要继续努力学习；还有很多工作做得不好，还要努力把它做得更好一些。按照这样的一种方式来对待自己的人生，工作就会做得到位，人生就会充满光彩。

你可能会觉得自己比他人聪明、学习能力比他人强，但你更应该将自己的注意力放在他人的强项上，只有这样，你才能看到自己的肤浅和无知。谦虚会让你看到自己的短处，这种压力会促使你在事业中不断地进步。实际上，历史上有许多杰出的人士都非常注重向别人学习。同时，一个人有才能是件值得佩服的事，如果再能用谦虚的美德来装饰，那就更值得敬佩了。

洪堡是德国著名的探险家、自然科学家，是近代气候学、自然地理学、植物地理学和地球物理学的创始人之一，他对生物学和地质学也有很深的造诣，在科学界享有极高的声誉，被当时的人们尊为"现代科学之父"。

尽管如此，洪堡却是一个十分谦逊的人。他尊重别人，从不自满，直到晚年还刻苦学习。在柏林大学的一间教室里，每当著名的博克教授讲授希腊文学和考古学的时候，课堂里总是挤满了学生。在这些青年学生中间，人们常常会看到一位身材不高、穿着棕色长袍的老人。这位白发苍苍的老人也像别的学生一样，全神贯注地听课，认真地做着笔记。晚上，在里特教授讲授自然地理学的课堂里，也经常出现这位老者的身影。有一次，里特教授在讲一个重要的地理问题时，引用了洪堡的话作为权威性的依据。这时，大家都把敬佩的目光投向这位老人。只见他站起身来，向大家微微鞠了一躬，又伏身课桌，继续写他的笔记。原来，这位老人就是洪堡。

洪堡曾说过："伟大只不过是谦逊的别名。"他正是这样一位谦逊的伟人。

越是有成就的人，越是深知谦虚学习的重要性，"梅须逊雪三分白，雪却输梅一段香"。一个人要想真有长进，不仅需要谦逊，而且还要有雅量，要放下架子，不耻相师。伟人能做到如此，那么，平凡的我们呢？是否也应该反省一下，找出自己的不足，然后通过学习加以弥补呢？

前世界首富，也就是美国华顿公司的总裁山姆·沃尔顿，他创立了沃尔玛企业，资产已经超过了250亿美金，他的家族现在还是世界上最有钱的家族之一。山姆·沃尔顿年轻时不断地去考察竞争对手的店面，不断地想办法说他到底哪里做得比我好？回去之后就问自己，并告诉自己的员工说："我们要如何才能做得比竞争对手更好？我们到底有哪些服务不周的地方需要改善？"

成功是没有止境的，无论是做人还是做事，妄自尊大和妄自菲薄都是严重的错误。只有虚怀若谷，成功才会不断光顾你。谦虚是天堂的钥匙，给谦虚者一条成功的道路。牛顿说过："如果说我看得远，因为我是站在巨人的肩膀上。"人类历史上的名人伟人很多都是如此谦虚，所以你也要养成一种"虚怀若谷"的胸怀，要有一种"虚心谨慎、戒骄戒躁"的精神。用有限的生命时间去探求更多的知识空间吧！

一个虚心的人，一个自知贫乏不足、心里头有空间容纳教导的人，往往可以受到更多的教诲，得到更多的东西，取得更大的成功！

虚心就是不自满，就是敞开胸怀，能学他人之长，反省自己之短。

"虚心方能容人，虚心方能容物"，只有自觉不满才能使心灵去容纳更多的事物。虚心不满使自己的心灵处于一个时时能容物、容人的状态。当一个人的心虚如谷川，就能容纳更多，就能成大器。相反，一个人如果自满，便会再也容不下新的东西，没有多大容量，就成不了大器。

著名艺术家梅兰芳是中国戏曲艺术的杰出代表，他的艺术高雅脱俗，有独特的气质韵味，人们用"大气、大度、大方"来形容"梅派"艺术。

梅兰芳是一位谦虚有德的艺术家，他靠着虚心好学，一点一滴地积累文化底蕴，最终成为中国戏曲界的大师。

梅兰芳早年广拜名师，向秦稚芬、胡二庚学花旦戏，向陈德霖学习昆曲旦角，向乔蕙兰、李寿山、陈嘉梁、孟崇如、屠星之、谢昆泉等人学习昆曲，向茹莱卿学习武功，向路三宝学习刀马旦，向钱金福学小生戏，也曾受教于王瑶卿。在与这些技艺非凡的名演员合作之中，他广泛汲取中国戏曲艺术的精华，在很多传统剧目的演出中，他都虚心听取意见，以新鲜的理解去填补艺术空白，使旧戏焕发出新的艺术意味。

梅兰芳除了能虚心向同行学习，听取同行的意见，还认真采纳广大观众的意见。

有一次，梅兰芳在一家大戏院演出京剧《杀惜》，演到精彩处，场内喝彩声不绝。这时，从戏院里传来一位老人平静的喊声："不好！不好！"梅兰芳循声望去，见是一位衣着朴素的老人。于是，戏一落幕，梅兰芳就用专车把这位老先生接到自己的住处，待如上宾。

梅兰芳恭恭敬敬地说："说我孬者，吾师也。先生言我不好，必有高见，定请赐教，学生决心亡羊补牢。"老者见梅兰芳如此谦恭有理，便认真地指出："惜娇上楼与下楼之步，按'梨园'规定，应是上七下八，博士为何八上八下？"梅兰芳一听，恍然大悟，深感自己疏漏，低头便拜，称谢不止。以后每次演出，必请老者观看指正。

梅兰芳的谦虚不仅使自己的艺术造诣更进一步，也使自己的德行操守胜人一筹，受人敬重。

虚心的人懂得人生无止境，事业无止境，知识无止境，因而才能做到知之为知之，不知为不知。海不辞水成其大，山不辞石成其高；虚心才有容，有容方成大器。

一个人越虚心，心胸越开阔，装载的容量越大，就越能成大器。

自我反省，提升人格

反省是人类可贵的品质，只有不断地自我反省，才能不断地进步。只有在不断的自我反省中才能发现自身存在的不足，从而随时修正自己的言行，不断取得进步。

稻盛和夫每天都要进行自我反省，他说："每天结束后，回顾这一天，进行自我反省是非常重要的。比如，今天有没有让人感到不愉快？待人是否亲切？是否傲慢？有没有卑怯的举止？有没有自私的言行？"他认为回顾自己在一天当中的行为，再对照做人的准则，确认自己的言行是否正确，对完善自己来说是非常重要的。在自己的言行中如果有值得反省之处，即自己出现自满、傲慢、怠慢、不周、过失这些错误言行的时候，就应该自我修正，加强自律，哪怕只是一点点，也要改正。

常警示，就能分清善恶美丑；师贤达，才能明辨是非黑白。反省自己的言行才能看清自己的得失，才不会因为只看见成功而忽略了自己的失误，从而避免自己迷失在已取得的成绩里。

稻盛和夫在他总结的"六项精进"中就提出了"应该天

天反省"的思想。他认为天天反省能磨炼灵魂、提升人格。通过每天的反省，来磨炼自己的灵魂和心志，能让我们的灵魂得到净化，从而变得更美丽、高尚。谈到自己在自省这方面的行动时，稻盛和夫说："我年轻的时候，有时也会傲慢，因此，作为每天的必修课，我都要进行自我反省。"

有一次，记者在采访稻盛和夫时问道："您这一生中有没有犯过错误呢？如果有，您是怎么反省自己，从错误中走出来的？"

稻盛和夫沉默良久之后，给出这样的回答："在我的公司经营中，可以说没有犯过非常大的失误，涉及公司生存的大失误，没有。不过，小失误是有的。"

在这种谦逊而客观的态度中，我们看到一个严格律己的稻盛和夫。

每天反省是提升人格、磨砺心志的最佳途径。通过自省提高心性修养，能使心的本性排除层层干扰和蒙蔽；通过自省加强道德修养，能提高自己的精神境界。常常自省，就能发现问题，精神修养也能得到提高，进而容易发现解决问题的办法；每天反省，就能降低我们犯错误的概率与次数，最终拥有美好的人生。

稻盛和夫将不断自省的人生称为"在悔悟中生活"的人生。这指的是经常真诚地反省自己，自问所做之事是否无愧于心，并培养自戒自律的能力。稻盛和夫曾说过："在反省自我时，我会尽可能的专注与谦卑，一旦发现自己有一点自私或怯懦，我就说'不要只想自己'或是'要义无反顾，鼓起勇气吧'，一再地进行这样的练习之后，我的头脑更为清醒，渐渐地做到了避免错误的判断或潜在的危机。"

詹姆斯·埃伦说过："如果你不会反省，你的内心将长满杂草。"这是将自我反省比喻为对心灵的耕耘。詹姆斯·埃伦在他的《原因和结果的法则》一书中写道：

> 出色的园艺师会翻耕庭园，除去杂草，
> 播种美丽的花草，不断培育。
> 如果我们想要一个美丽的人生，
> 我们就要翻耕自己心灵的庭园，将不纯的思想一扫而光……

詹姆斯·埃伦用杂草比喻我们内心深处一切不好的想法，出色的园艺师不仅要翻耕庭园，还要除去杂草。每个人都是自己心灵的园艺师，我们要翻耕自己心灵的庭园，就要通过每天反省扫除心中的邪念，然后播种美丽的花草，让清新、高尚的思想占领心灵的庭园。通过反省除去自己的邪恶之心，继而培育自己的善良之心。

如何做一个高尚的人？一个品格高尚的人应该拥有怎样的形象？我们应该带着这样的问题去描绘心中理想的自己，从而不断地省察我们的言行，完善自身，以求达到这个理想形象的要求。只有在人生实践中不断反省，我们才能提升自己的精神境界，提高心性，成为一个高尚的人。

稻盛和夫认为，一定要努力克制私利私欲，反复学习，每天反思自己的行动，反省自己的言行是否有违做人之道。他说："考验人的不只是苦难，成功和幸运也是考验。有的经营者在事业成功后得意忘形，变质堕落，忘了谦虚，傲慢不逊，溺于私利私欲，结果走向没落。不懂得成功也是考验，沉醉于小小的成功，结果自掘坟墓。越是成功时，越是不能忘记感谢周围的人，同时，'我还应该做得更好吧？'这样的虚心反省非常重要。"

一个人之所以能够不断地进步，是因为他能够不断地自我反省。正如零售行业的经营通过盘点就能知道销售情况一样，生活中我们也要学会"盘点"自己的心灵，因为"盘点"心灵是接近真善美、远离假恶丑的过程；"盘点"心灵，是坚持自我完善、走向成功的过程。

忠告六

目标：怀抱梦想，缜密计划

稻盛和夫说："人生是思维所结的果实，这种想法已经构成许多成功哲学的支柱。"年轻人思维活跃，有着无穷无尽的精力为梦想拼搏，也因梦想而伟大。而当今社会，需要的正是目标高远、行胜于言的人才。因此，任何一个年轻人，无论是工作、学习还是生活，都应为自己树立一个明确的目标，并进行缜密的计划，只有这样，才能找到前进的方向，才能攫取成功的果实！

拥有梦想，才拥有成功的希望

稻盛和夫说："若没有强烈的愿望，就看不到办法，成功也就不会向我们靠近。首先需要有强烈的愿望，这很重要。只有这样，愿望才能成为新的起点，才能推你走向成功。无论是谁，人生就如你内心描绘的一张蓝图，而愿望就是一粒种子，是在人生这个庭院里生根、发芽、开花、结果的最重要的因素。"

树立了梦想以后，还要有实现它的强烈愿望，要迎着晨光实干，而不要对着晚霞幻想。人们所取得的成就大小往往取决于他成功欲望的强烈程度。有的人目的明确地向前迈进；有的人不断跌倒却又爬起；有的人只是在想"如果能够那样就好了"；还有的人则是什么也不做，白白浪费时间。稻盛和夫认为，这都是由他实现愿望的强烈程度来决定的。他告诉我们："如果拥有强烈的愿望，并相信总会有实现的一天，我们就可以突破困境，完成任务。"

强烈的愿望可以让一个人反复地思考一件事情。通过锲而不舍、反复地思考，你会感觉成功的道路似乎像走过一样，而那些你梦想的东西也便逐渐清晰。比如，你想拥有一台车的时候，就会经常地去想你要拥有一台车，这种强烈的愿望会深入到你的潜意识中去，然后你会在大脑中反复地进行模拟实验，在心中推演种种你能拥有汽车的可能，并将最好最有效的办法在实践中得以验证，最终你将会拥有一辆车。

稻盛和夫认为，为了变不可能为可能，就要有近似于"发疯"的强烈愿望，坚信目标一定能够实现并为之不断努力、奋勇向前。无论是经营人生还是经营事业，这是达到目标的唯一方式。

现实中从来不乏有梦想却不为之奋斗的人，他们总能为自己的失败找到借口：或是没有经济基础，或是先天环境太差，又或是运气不好。实际上，一个人自身所处环境的好坏，都不足以影响其追求成功的欲望。稻盛和夫说过，没有人是环境的奴隶。有些人在追求目标的过程中，常以社会环境或经济条件不佳为由而放弃。他们对环境研究得越深入，就越相信他们的梦想是永远都不可能实现的。这样的人往往都是不愿去改变环境的人，他们没有强烈的要去改变命运的愿望，因此宁愿被环境所同化。其实，稻盛和夫的经历足以证明，如果能以强烈的愿望坚持自己的梦想，完全可能找到使梦想成真的方法。

稻盛和夫告诉我们，如果打心底想要成就某事，我们的心就会努力地去帮助我们清除障碍，即使在睡梦中也不停歇。这也正是极大的努力与真正创造力的触发点。反之，被环境奴役将只会看到情况不利的一面，其结果就是没法成功。只要拥有强烈的愿望，就会想尽各种方法去解决问题；只要坚持不达目标绝不放弃，最终的成功一定属于你。

不被环境牵引，用强烈的愿望去追求梦想，就会得到成功之神的垂青，因为成功偏爱一往无前的热情和怀抱壮志的雄心。

在着手实现每一个目标时，都是以未知为起点的。但是，站在这未知的起点上，要有能获得成功的信心和热情，要有一种强烈的愿望，这样才能从心底生出一股动力。这股动力会随时出现在我们的眼前和脑海里，并催促着我们想尽一切办法去实现它。

稻盛和夫认为，若想成功，一定要有雄心壮志，使追求成功的强烈欲望渗入到潜意识里，滋养成功的愿望，使之强烈到成为潜意识的一部分。

爱做梦的稻盛和夫一边做着毫无边际的梦，一边狂野地开拓着他的企业王国。当初，就是因为梦想自己能掌握世界第一的陶瓷研究技术，凭着"不成功绝不罢休"的强烈愿望才创建了京瓷公司。

我们想象一下，一个成功的企业家，在创业之初对成功应该怀有多么强烈的渴望呢？即使是在下班后，稻盛和夫也停止不了自己的这股渴望及热情；在街上漫步时，和愿望相关的东西会突然跃入眼帘，攫住稻盛和夫那颗澎湃的心；在拥挤的派对上，他可以从一端看到远处的一个人——那个人能让他的梦想成真，也是他急于接触的对象。

因为渴望而形成的幻影，就是稻盛和夫人生中的绝妙机会。正因为他随时准备迎接成功的到来，那些总是藏在最不起眼之处、只有强烈地感受到自己目标的人才能看得见的绝妙机会，就这样被稻盛和夫发现了。试想，如果没有强烈的愿望，而只是用呆滞无神、漂浮不定的目光随意找寻自己的目标，那么，成功的机会一定会与稻盛和夫失之交臂。

可见，坚持将梦想予以实现的强烈愿望，不仅是我们追求成功的动力，还能给我们不畏艰难、开创事业的勇气。它可以锻炼我们的意志，让我们坚强到能够克服所有艰难，直到用高涨的热情获得成功为止。

稻盛和夫说："成功的基础是强烈的愿望。也许有人认为这种说法不科学，是单纯的精神论。但是，不断地想，不断地去思考，我们就将在头脑中看见即将实现的现实。"所以，不论是从零开始追逐梦想的年轻人，还是拥有了一定成功基础的企业家，要想开创一番新的事业，都必须拥有梦想和目标，并用强烈的愿望清晰地勾勒出一幅蓝图，规划好实现目标的步骤。这种强烈的愿望会帮助我们征服人生的每一个障碍和困难。

所有事业开创的初衷，都是源自一个梦想，梦想成真的过程就是取得成功的过程。有梦想，才能明确努力的方向，也才能充满干劲和激情。当然，这里的梦想并不是指白日做梦，更不是被想象冲昏了头脑的草率鲁莽。

稻盛和夫因为放飞梦想而获得了成功，他曾这样阐释自己的成就："能用自己的力量去创造自己美好人生的人，一定拥有远大的梦想和超过自身能力的愿望。就我而言，能达到今天这个位置的原动力，也可以说是年轻时拥有的强烈愿景和高远目标。"

如果没有一个想要达到的目标，没有自身渴望实现的梦想，那么这个梦想也不可能主动靠近我们。稻盛和夫创办的第二家全球 500 强企业 DDI 公司，正是源于稻盛和夫想挑战当时日本独家垄断的企业 NTT 的梦想。当时在他人看来，这个梦想的实现需要投入大量资金，而且成功的可能性很小，但稻盛和夫还是大胆地将这个梦想付诸行动，并最终将之实现。稻盛和夫用自己的行动证明，事业的成功首先就是要有梦想和实现梦想的激情。

梦想对人生的重要性在于，没有梦想的人就没有试图实现梦想的激情，而失去对一件事情的激情，就没有了动力，也就没有了努力的方向。正因为如此，稻盛和夫将梦想和愿望看作是人生的跳板，他把人生比喻为一个人思维的果实，所以他一直坚定"内心不渴望的东西，它就不可能靠近自己"这个信念。的确，如果不是从内心深处生出的渴望，我们就不可能甘愿为之付出强烈的，甚至是粉身碎骨的热情去实现它，这是一条可供所有人获得成功的哲学理念。稻盛和夫认为，强烈的愿望和坚定不移的信念，是事业成功的原动力。

稻盛和夫曾经讲过一个关于松下幸之助的故事。那时稻盛和夫还只是一个名不见经传的小企业的老板，他去听一场松下幸之助关于"水库式经营"的演讲。众所周知，一条未修建水库的河流会因天气的变化而受影响，或因洪涝灾害而引发大水，或因水量不足而被曝晒干涸。但如果修建了水库，拥有自己的蓄水量，河流就不会被天气所左右。松下幸之助就引用了这个原理来比喻企业的经营——在平时做好一切准备，以拥有自己的"储备水量"。

当松下幸之助提出这个观点时，来听演讲的数百名企业家都交头接耳地发出了质疑的声音，其中有一位男士提出了质问："连如何去建造这个水库都没有具体的方法，要怎样才能进行水库式经营呢？"面对他人的质疑，松下幸之助回答道："那种办法我也不知道，但我们必须要有不建水库誓不罢休的决心。"

正是这个不算答案的回答，让稻盛和夫悟到了实现梦想的真谛，那就是为了实现梦想应该保持正面、积极的心态，并拥有饱满的激情和强烈的愿望。于是，稻盛和夫得到了这样的认知："为了变不可能为可能，就要有近似于'发疯'的强烈愿望，坚信目标一定能够实现并为之不断努力、奋勇向前。不论是人生还是经营企业，这是达到目标的唯一方式。"

当然，我们也看到许多具有和成功者相同能力或者远远超出成功者能力的人，虽然也同样拥有梦想，但失败的例子却不在少数。这是为什么呢？原因就在于，一个人对待自己的梦想所持有的热情程度及渴望的深度不同。如果在实现梦想的过程中，一开始就期望不高，遇到困难就容易消极地认为"做不到"，这样下去，即使能力很强，梦想也不可能实现。换言之，在拥有梦想的同时，一定要有使之成为现实的强烈热情，这对取得成功是很关键的一点。

生活中有梦想，人生就充满了希望和热情。因为有多大梦想，就会有多大机会，从而也就会有多大的人生舞台。

稻盛和夫在创业之初所怀抱的梦想就是将他创办的京瓷公司打造为世界第一大陶瓷公司。梦想越大，与现实的差距就越大，就当时的市场环境和自身实力而言，稻盛和夫树立的梦想不能不说过于远大，并且他当时也没有具体的实施计划和战略。然而，一旦有了远大的愿景，就会产生实现它的强烈愿望，就会为了实现它而付出更多不懈的努力。

当然，梦想可以定得高远，却不能虚无缥缈，因为它不是白日梦，是需要去实现的；梦想也不是空洞的，它需要深深扎根于现实的基础上，从而乐观地、可行地将它达成。

稻盛和夫能取得今天的成功，与他乐观地面对未知、有着积极而远大的梦想并抱有实现梦想的强烈愿望是分不开的。

他用他的经验给每一个想要开创一番天地的人指明了方向。只有放飞梦想，以饱满的激情和不畏艰难的热情积极进取，才能到达成功的彼岸，实现精彩的人生。

◇ 拥有雄心壮志 ◇

我一定要掌握世界第一的陶瓷技术，不成功决不罢休！

稻盛和夫认为，若想成功，一定要有雄心壮志，使追求成功的强烈欲望成为潜意识的一部分。

我能达到今天这个位置的原动力，是来自年轻时就拥有的高远目标。

稻盛和夫用自己的行动证明，事业的成功首先就是要有梦想和实现梦想的激情。

专注目标，时刻盯紧箭靶的位置

伊格诺蒂乌斯·劳拉有一句名言："一次做好一件事情的人比同时涉猎多个领域的人要好得多。"在太多的领域内都付出努力，我们就难免会分散精力，阻碍进步，最终一无所成。现实生活中的一些年轻人，如果他们的愿望和要求不能及时地付诸行动，使之成为事实，那么，就会引起精神上的萎靡不振。但是，目标的实现不仅需要耐心地等待，而且还必须坚持不懈地奋斗和百折不挠地拼搏。切实可行的目标一旦确立，就必须迅速付诸实施，并且不可发生丝毫动摇。

对此，稻盛和夫告诫年轻人，要始终记住"有意注意"的人生，就是指有意识地加以注意，也就是有目的地、认真地把意识和神经集中在对象上。例如，当发生声响时，条件反射地往声响那边方向看，这是无意识的生理上的反应，也叫"无意注意"。所谓有意注意，就比如类似使用锥子的行为。锥子是一种通过把力量凝集在最前端的一点上，高效达到目的的工具。这个功能的核心就是"集中力"。无论是谁，只要像锥子一样，集中全部力量在一个目标上，就一定能取得成功。

所谓集中力，是根据思考能力的强度、深度、大小产生的。在决定做一件事情时，首先要有憧憬。这个想法有多强烈、究竟能够持续多久、如何认真地开展工作，这些都是决定事情成败与否的关键。

京瓷公司创建至今，从来不建立长期的经营计划。当新闻记者们采访稻盛和夫的时候，经常提出想听一听他们的中长期经营计划，而当他回答"我们从不设立长期的经营计划"时，记者便觉得不可思议，露出疑惑的神情。

不过，稻盛和夫的话是真的，那么，为什么不建立长期计划呢？他认为，生活中，有些人说自己能预见未来，这当然是谎言，也会失败。因为无论我们对于未来的预计多么精细，都无法将一些不可知因素囊括在内，在遇到一些问题时就不得不改变计划，或者对其进行相应的调整，甚至在某些情况下，我们需要无奈地放弃预期的计划。

从经营者的角度看，如果你频繁更改、放弃你的计划，那么，从下属和员工的角度看，他们就会认为，反正没有什么计划是真正列入章程的，他们便不会把它当回事，工作热情自然会降低。

另外，关于目标大小的问题，你设置的目标越大，那么，为此付出的努力自然也就越多，但更多现实的问题是，如果你设置的目标太大，那么，你会发现，目标始终遥遥无期，你难免会泄气，而对于接下来的努力，估计你也只会应付过去。因为从心理学的角度看，如果达到目标的过程太长，也就是说，设置的目标过于远大，往往在中途就会遭遇挫折。因此，我们发现，与其中途作废那些不切实际的目标，不如一开始就不要设立这种目标。

这就是稻盛和夫的观点。自京瓷创立以来，他只用心于建立一年的年度经营计划。3年、5年之后的事情，他认为谁也无法准确预测，但是一年的情况应该大致能看清，不至于太离谱。

为此，稻盛和夫忠告所有年轻人，不要有太多的空想，而要专注于眼前的工作。在生活中的多数情况下，对枯燥乏味工作的忍受和含辛茹苦应被视为最有效的提升人的意志的原则，应该为人们所乐意接受。阿雷·谢富尔指出："在生活中，唯有精神和肉体的劳动才能结出丰硕的果实。奋斗、奋斗、再奋斗，这就是生活，唯有如此，才能实现自身的价值。我可以自豪地说，还没有什么东西曾使我丧失信心和勇气。一般说来，一个人如果具有强健的体魄和高尚的目标，那么他一定能实现自己的心愿。"

18世纪早期就读于牛津大学的圣·里奥纳多，在一次给校友福韦尔·柏克斯顿爵士的信中谈到他的学习方法，并解释自己成功的秘密。他说："开始学法律时，我决心吸收每一点获取的知识，并使之同化为自己的一部分。在一件事没有充分了解清楚之前，我绝不会开始学习另一件事情。我的许多竞争对手在一天内读的东西我得花一星期才能读完。而1年后，这些东西我依然记忆犹新，但是他们却早已忘得一干二净了。"

同样，在中国，画坛宗师齐白石也是个做事专注的人，除了画画以外，在雕刻艺术上的精益求精也体现了他这一品质。

齐老先生不仅擅长书画，还对篆刻有极高的造诣，但他并非天生具备这门艺术的天赋。他经过了非常刻苦的磨炼和不懈的努力，才把篆刻艺术练就到出神入化的境界。

年轻时候的齐白石就特别喜爱篆刻，但他总是对自己的篆刻技术不满意。他向一位老篆刻艺人虚心求教，老篆刻家对他说："你去挑一担础石回家，要刻了磨，磨了刻，等到这一担石头都变成了泥浆，那时你的印就刻好了。"

于是，齐白石就按照老篆刻师的意思做了。他挑了一担础石，一边刻，一边磨，一边拿古代篆刻艺术品来对照琢磨，就这样一直夜以继日地刻着。刻了磨平，磨平了再刻。手上不知起了多少个血泡，日复一日，年复一年，础石越来越少，而地上淤积的泥浆却越来越厚。最后，一担础石终于统统都被"化石为泥"了。

这坚硬的础石不仅磨砺了齐白石的意志，而且使他的篆刻艺术也在磨炼中不断长进。他刻的印雄健、洗练，独树一帜，达到了炉火纯青的境界。

的确，成功者之所以成功，就是因为在专注的过程中，经过了沮丧和危险的磨炼，造就出了天才。在每一种追求中，作为成功之保证的与其说是卓越的才能，不如说是追求的目标。目标不仅产生了实现它的能力，而且产生了充满活力、不屈不挠为之奋斗的意志。因此，意志力可以定义为一个人性格特征中的核心力量，概而言之，意志力就是人本身。它是人的行动的驱动器，是人的各种努力的灵魂。在伯特尔修道院镌刻着一条格言："希望就是我的力量。"这条格言似乎与每个人的生活息息相关。

福韦尔·柏克斯顿认为，成功来自一般的工作方法和特别的勤奋用功，他坚信《圣经》的训诫："无论你做什么，你都要竭尽全力！"他把自己一生的成就归功于"在一定时期不遗余力地做一件事"这一信条的实践。

相反，那些对奋斗目标用心不专、左右摇摆的人，对琐碎的工作总是懈怠逃避，他们注定是要失败的。如果我们把所从事的工作当作不可回避的事情来看待，我们就会带着轻松愉快的心情迅速地将它完成。和其他习惯的形成一样，随着时间的流逝，勤勉用功的习惯也很容易养成。因此，即使是一个才华一般的人，只要他在某一特定的时间内，全身心地投入和坚持不懈地从事某一项工作，他也会取得巨大的成就。

有备无患，成功需要计划与准备

有记者问稻盛和夫："作为两个世界 500 强企业的缔造者，你被尊称为'经营之圣'，你认为企业经营成功的最大秘诀是什么？"稻盛和夫的回答是："成功的两大因素为：缜密计划和前期准备。"

稻盛和夫是个爱思考的人，在他经营公司的过程中，每当他头脑里灵光闪现、出现新的想法时，他都会召集干部们加以讨论。面对这样的讨论，不同的人给稻盛和夫的意见是不一样的。"那些从大学里出来的高才生们反应冷淡，多数时候甚至向我说明这个主意是多么脱离现实，多么欠斟酌。他们的话也有一定的道理，分析也非常敏锐，列举的全是不可行的理由。因此，再好的主意在遭到泼冷水后就会凋谢，本来可以做成的事情也做不成了。"

在稻盛和夫的热情几次被浇灭后，他发现，应该彻底更换一下商量的对象，这些大学生们很聪明，但思维太悲观。因此，他决定和那些积极的人讨论，他们会告诉他："这样很有趣，试试吧。"即使这些人在日常工作中挺马大哈的，但至少他们的意见是有鼓舞作用的，因为在一件事情的推敲设想阶段，很需要这种积极的乐观态度。

事实证明，稻盛和夫是个"兼听"的人，他深知，积极的态度有利于梦想的设立，但在设想向具体计划转移时，则应该以悲观理性的分析为主，必须想象所有可能存在的风险，慎重、小心、严密地推敲计划。当然，大胆和乐观在这一阶段始终是有效的。

因此，我们不仅要有破釜沉舟的决心，还要有缜密的思维和计划。机遇也总是会留给那些有准备的人。

在你实现梦想的过程中，不妨记住稻盛和夫的话：一旦到从计划转入落实阶段，则再次基于乐观论，坚定不移地开始行动。也就是说，乐观地设想、悲观地计划、愉快地执行。这在成就某些事情、变愿望为现实上是非常必要的。

关于这一点，稻盛和夫也聆听过冒险家大场满郎的一席话。

大场先生是世界上第一个独自徒步横跨北极和南极的人。曾经，京瓷公司作为他的探险活动的赞助者，大场先生便当面向稻盛和夫致谢。

见面后，他们自然而然地就探险活动聊了起来。

刚开始，稻盛和夫称赞大场先生这种挑战生命极限的勇气，但令稻盛和夫不解的是，不知道为什么，大场先生似乎并不接受自己的恭维，反而面露难色，并立即给予否定。

"不是，我没有勇气，我甚至是一个胆小鬼。由于胆怯，我不得不小心谨慎地进行准备，恐怕这是此次成功的主要原因。相反，如果冒险家只是一味的胆大，就会直接导致死亡。"

可以说，大场先生的这句话并不只是谦虚，而是向所有冒险的年轻人表明一个道理，虽然万事事在人为，"无畏是灵魂的一种杰出力量"，但如果没有胆小、慎重、小心做后盾，所谓的勇气也不过是蛮勇。

血气方刚、敢闯敢做是每个年轻人的特点，但同时，缺少历练的他们又缺少一些理智。于是，他们更容易做出果断的决定，粗心大意也容易使他们忽略细节上的问题，而这些都构成了失败的因素。所以，年轻人也要让自己拥有这种成功者的品质，要知道冒险精神要求的首先是勇敢精神，而不是盲目冒险。成功只光顾那些心思缜密、善于规划的人。

忠告七

心态：人生因心态而改变

稻盛和夫有句名言：心态决定命运。的确，可能很多年轻人会把自己的不幸归结为命运。然而，稻盛和夫却说："所谓命运，在我们的生命期间俨然存在。但是，它不是人类力量无法抗拒的'宿命'，而是因我们的内心而改变。人生是由自己创造的，能够改变命运的只有一个因素，就是我们的内心。"

正向思维，用积极的心态面对生活

稻盛和夫曾提出："人生/工作的结果＝思维方式×热情×能力。"也就是说，人只有怀着热情，发挥出自己的聪明才智，然后在正确的思维方式的指引下，走在正确的人生道路上，才能取得成功。

这个方程式被称为稻盛和夫一生成功的秘诀。

热情是什么？热情是指从事本职工作的激情（包括健康的体魄）。

能力是什么？能力是指一个人的天资和才智（包括努力的态度）。

思维方式是什么？思维方式是一个人应有的精神状态或者对待人生的态度，包括思想和理念，也就是一个人的心态，它是这个方程式三要素中最重要的要素。

如果用数字来表示，热情和能力可以根据程度及大小的不同表示为0到100之间的任何数值；而思维方式如果用数字来表示的话，则可表示为负100到正100之间，因为它有积极和消极两个方面，根据积极和消极的程度表示为正负100之间的不同数值。

思维方式是人生的罗盘，能够决定人生的方向。一个人如果有能力和热情，但缺乏正确的思维方式，那么他的人生将很难取得辉煌的成就。因为，当思维方式呈现负数时，即当人表现出消极思想的时候，通过乘法得出的人生结果就只能是负数。所以，一个人是走向阳光大道，还是走向深渊峡谷，全在于他们的思维方式。一个人的思维方式走错了方向，他的人生也便走向了沉沦。

那么正面和负面的思维方式都有哪些呢？稻盛和夫做了这样的概括——正面的思维方式所具备的内容包括：态度积极向上，具有建设性；乐于与他人并肩工作，具有协调性；开朗、充满善意；有关爱之心、为人和善；认真、正直、谦虚、努力；不自私自利、不贪得无厌、知足；具有一颗感恩之心。负面的思维方式包括：态度消极、没有合作精神；阴险、充满恶意、心术不正、一心想要陷害他人；不认真、爱撒谎、傲慢、懒惰；自私自利、贪得无厌、满腹牢骚和不满；嫉贤妒能等。这就是说，在拥有能力和热情的同时，抱有正确的做人和做事的思维方式对取得成功至关重要。正因为思维方式存在负数，所以思维方式一旦选错，就会导致人生、事业的失败。稻盛和夫一再强调："人生或工作的结果是由这三个要素用'乘法'算出的乘积，绝对不是'加法'。"

为使这番话易于理解，稻盛和夫曾打了一个分值的比方：

有的人头脑聪明，在能力因素上可以得90分。但是，如果他炫耀自己的能力、骄傲自满、懈怠努力，只发挥30分的热情，那么乘积就只有2700分。相反，中等智商水平的人只有60分的能力，因为自知能力不及他人，所以就通过努力来弥补不足，以超过90分的热情投入到工作中，乘积的结果就是5400分。与前面那个有才能而无热情的人相比，这个无才能但热情的人能取得更好的成绩。

稻盛和夫的人生方程式中不用加法而用乘法的原因在于，用加法不能很好地体现不同人工作结果的差别。稻盛和夫这样解释道："因为是乘法，所以即使有能力而缺乏积极的热情也不会有好结果。相反，自知没有能力而以燃烧的激情对待人生和工作，最终将比拥有先天资质者的收获多得多。"

我们可以把稻盛和夫与一般的企业经营者作个比较。假设给稻盛和夫的能力打95分，热情打100分，思维方式打95分；给一个普通经营者的能力打70分，热情打85分，思维方式打70分。现在，若用加法计算，稻盛和夫的总分是290分，普通经营者的总分是225分。从分值上看，两者的差别并不明显，但实际差别却是很大的，若用乘法进行计算的话，结果就会显而易见。

一般来说，一个资质平平但谦虚好学、积极努力的人和一个天赋极高但自高自大、不思进取的人相比较，前者在工作上往往能超过后者。用乘法计算他们的分值，结果就完全符合现实；而如果用加法计算，能力普通者永远无法超过天资很高的人。按这样的算法，资质平平的人单靠努力工作，还是难以和禀赋异人者相竞争；而如果将这些因素相乘，那么态度和努力就更为重要——恰恰现实也是这样的——所以用乘法计算更切合实际。付出辛勤和努力的平凡人，如果怀着正确的态度和追求成功的热情，那么比起那些有才华的人，往往能获得更大的成就。

同时，方程式中用乘法计算还能突出一个人思维方式的关键性。"能力"和"热情"都是正数，两者的乘积也是正数，但是思维方式却存在负数。想法不好、不正确，取值就为负数，那么整个人生的结果就必然是负数；若思维方式是正面的，那么人生的结果就一定是成功的。所以，稻盛和夫将思维方式放在了三个因素中起决定性作用的位置。

稻盛和夫说过，他也曾因为消极的思想而徘徊在歧途之上。

稻盛和夫在大学毕业的时候面临就业问题，但是因为没有人际关系，所以即使参加了很多次招聘面试，都没有被聘用。这让稻盛和夫备受打击，于是他在心里产生了加入黑社会的想法。他想："与其在弱肉强食的不合理社会中生活，还不如在人情事理厚道的黑社会里厮混。"

产生这种想法后，稻盛和夫多次到有黑社会据点的闹市区徘徊。如果当初稻盛和夫真的放任自流，迈入了黑社会的门槛，那今天的世界上就不会有让世人受益的稻盛哲学了。

每次回忆起这段经历，稻盛和夫都会自嘲道："当时，如果真的选择了那条道路，草草发迹，也许已经成为一个小集团的头目。但是，在那个世界中不管如何进步，根本的思维方式是消极的、歪曲的、邪恶的，因此，绝对不会幸福，而且也不会度过一个丰富的人生。"

后来，稻盛和夫去了一个效益极差的工厂里工作。厂里的情况很糟糕，让人看不到一点希望，在这里工作的人们也是得过且过、做一天和尚撞一天钟。但是稻盛和夫决定静下心来搞他的研究，不去理会人事纠纷，也不考虑未来发展，他只是一心一意地认真钻研。就在他改变信念的这一瞬间，他感受到自己的人生开始了良性运转。后来这个工厂也因为他的研究成果得以生存下去。

稻盛和夫说："思维方式的画笔在人生的花园里描绘出每个人自己的人生彩图。因此，人生色彩如何，取决于你的心相。"

一个人思维方式的正负决定了其人生的结果。具有积极思维方式的人，能够朝着积极的方向发挥其热情和能力；而以消极思维方式生活的人，他的热情及能力只能加剧他的悲惨命运。不管你的热情和能力有多大多强，如果你的思维方式是负数，那么你的人生及工作的结果就将是负数。就好比一个富有才能，但是将其高度的热情倾注于从事诈骗、盗窃等贻害社会的"职业"中的人，因为其思维方式是负数，所以可想而知，这种人的人生结果只能是牢狱之灾。

思维决定了人生的发展方向。消极的思维方式不利于我们拥有成功的人生，我们应当用积极的思维面对人生和工作，因为只有积极地面对人生才能使人生充满幸福和美好。

长期以来，稻盛和夫一直按照这个方程式来拓展人生，而且他认为只有这个方程式才能诠释他的人生和京瓷的发展。正是这个方程式成就了稻盛和夫辉煌的一生。

思维方式的正负，即心态的积极与消极，决定着一个人的人生成败。一个人不管天资是否聪慧、能力是否卓越，只要能用积极的心态面对生活，那么他一定会拥有成功、幸福的生活。

乐观开朗，让人生充满希望

　　人生不是一条只充满乐趣的享受之路，生活也不可能永远一帆风顺，从逆境中走出来的稻盛和夫告诉我们，乐观的心态是战胜人生失败与挫折的不二法门。他说："要永远保持快乐的心情、积极的态度，并充满热忱，即便是在最难熬的逆境里，也要拥有开阔的心胸，时时不忘实现自己的目标，把所有的疑虑、负面的想法从心中根除。"

　　稻盛和夫的成长之路走得并不平坦。他在 13 岁时不幸感染了肺结核。虽然现在的医学可以轻松治愈肺结核，但在当时，患上结核病就相当于得了绝症，几乎没有治疗的方法，再加上肺结核病具有传染性，所以家庭内部通常有多人感染，稻盛和夫的叔叔和婶婶都是因患肺结核而病逝的。由于当时的人们缺乏医学常识，街坊邻居甚至传言："稻盛家因为业障，可能会全部死于肺结核。"受到这些传言的影响，稻盛和夫的心情十分灰暗，面对身体的病痛及可畏的人言，他甚至一度怀疑自己也将不久于人世。

　　就在稻盛和夫的人生跌入低谷的时候，他无意间从邻居太太那里得到一本谷口雅春先生写的书。在这本名为《生命的实相》的书中，作者赞扬善和美，并指出人类的生活状况就是自己意识状态的反映。也就是说，一个人的生活际遇，实际上反映的正是其内心的想法。身处病痛中的稻盛和夫读完此书，渐渐接受了这样一种思想：如果好的事情来到自己身边，那一定是心存善念的结果；相反，如果让恶念占据自己的脑海，就必然会发生坏的事情。所以，只有努力使自己想好的事情，才能有好的结果。

这种思想让稻盛和夫学会了在心中描绘善和美的景象，也正是在这种思想理念的引导下，他开始积极地对待生活，并用乐观的心态看待自己的病痛，坚定了自己生活下去的信心。后来，稻盛和夫的病终于在这个强大信念的支持下治愈了。

乐观的心态帮助稻盛和夫渡过了人生的第一次重大劫难。但是，挫折和失败并没有就此与他绝缘。

当时，第二次世界大战临近尾声，日本的许多家庭在空袭中遭难，很多人生活窘迫。稻盛和夫一家的生活也极其艰难，但是非常渴望读书的稻盛和夫还是说服了父亲，让他进入新制高中继续上学。高考时，稻盛和夫的第一志愿是大阪大学的医学部。然而，事与愿违，他并没有考进自己理想的学校，只考进了本地的鹿儿岛大学工学部，学了化学专业。

大学毕业后，稻盛和夫面临着严峻的就业压力，面试屡屡失败，消极的情绪一直笼罩着他。后来，稻盛和夫在大学教授的帮助下进入了京都的一家电瓷制造工厂——松风工业公司工作。但是，他的人生之路并没有就此平坦。松风工业公司在战后的 10 年里连续亏损，不仅无法按时发放员工的工资，而且随时处于倒闭的边缘。与稻盛和夫同批进入公司的另外 5 名大学生都相继辞职另觅出路了。稻盛和夫虽然没有辞职，但他的生活依然苦不堪言。他住在摇摇欲坠的宿舍里，房间破败不堪，起居范围还不足 10 平方米，一日三餐只能依靠一个可移动的煤炉和一口锅来料理。这种状况让刚刚踏入职场的稻盛和夫进退两难，不过，他最终还是选择留下来。

正是这些艰苦的生活经历，磨炼了稻盛和夫的意志。他决定用乐观的心态来改变现实的状况。在困境中，稻盛和夫没有失去希望，没有满腹牢骚，而是沉下心来，一个人在岗位上孤军奋战，专注于新型陶瓷的研究。

为了节省时间，稻盛和夫将宿舍搬到了研究室，吃睡都在那里。经过一年的努力，他通过独特的方法，在日本首次成功合成、开发了一种精密陶瓷——应用于电视机晶体管里面电子枪上的材料。在 20 世纪 50 年代的日本，电视机才刚刚开始普及。松下公司得知这项绝缘材料的研究成果后，遂与松风工业公司签下了订单，并指定由稻盛和夫负责批量生产这种陶瓷元件的工作。

通过努力获得成果，这让稻盛和夫感受到了工作的乐趣，也找到了生活的意义。让自己始终保持着一颗开朗的心，后来成为稻盛和夫创立京瓷公司时所坚持的理念之一。正如他所说："不管遇到多么艰难、痛苦的事，自始至终保持明朗之心，抱着理想和希望坚持不懈地奋斗，这才造就了今天的京瓷。人生充满光明和希望，时常抱有'我将迎来辉煌的人生'这种念头很重要。绝不要牢骚满腹、消极处世，或者憎恨别人、嫉妒别人，因为那样会使人生变得黯然无光。对自己的未来充满信心，并为之积极奋斗，这才是使工作、人生顺利发展的首要条件。"

从中学到大学，再到进入社会，稻盛和夫一直坚持着乐观开朗的心态，也正是因为一直抱着这种乐观的心态，才有了他后来的成功。

稻盛和夫的性格中继承了父亲的谨慎和母亲的乐观开朗，这使得他在企业经营中时刻以慎重为上，而无论身处何种逆境都能保持乐观的态度。所以，尽管在他的成长道路中荆棘丛生，但因为拥有一颗乐观向上的心，稻盛和夫在逆境中从来没有退却过。

成功大师卡耐基说过："我们若已接受最坏的结果，就再没有什么损失。"稻盛和夫从小就经历了很多苦难，这是促成他大气之风的基础。俗话说"千金难买少年苦"，从身边的众多实例中我们不难发现，那些稍遇困难就退缩的人，大多从小未曾吃过苦，也没有经历过什么磨难，这也是他们不能成就丰功伟业的原因之一。稻盛和夫认为："一个人在年少时多吃点苦，未尝不是件好事。逆境是磨砺人格品质的重要条件，年轻时期遭受过苦难的人，相较生活环境优越的人，日后的成就往往会更大。"

稻盛和夫常用日本明治维新时期杰出人物西乡隆盛的故事告诉人们，身处逆境时更应以乐观的心态面对一切。西乡隆盛是日本的一位著名将领，他的一生饱尝艰辛，然而正是重重的逆境造就了他的丰功伟绩。正如易卜生所说："不因幸运而故步自封，不因厄运而一蹶不振。真正的强者善于从顺境中找到阴影，善于从逆境中找到光亮，善于时时校准自己前进的目标。"身处逆境，稻盛和夫没有沮丧，也没有随波逐流、放弃自己。由于能调整自己内心的想法，正确地看待困难，他的人生在逆境中终于发生了转变。

人是一种感性的动物，在生活中，人们总是会遇到这样或者那样的烦恼，或担心，或忧虑，或焦躁，或偏激，这些情绪波动会影响人的心情，甚至让人感到挫败、悔恨。其实，这些烦恼对人生来说是毫无意义的，为烦恼而闷闷不乐更是不明智的，因为那样不但会引起心病，更可能会引发身体的不适，最终将给自己的人生带来不幸。只有理性地思考问题，抛开一切感性的烦恼，乐观地面对一切，才能开创人生的新局面。

一个人的心态对于一个人的成败举足轻重。当一个人消极地生活时，他永远不会获得快乐，纵使想开创一番事业也是徒劳，因为消极的人生观是阻止其前进的绊脚石。相反，积极的心态是成功、健康和快乐的有力保证。所以，无论遇到什么情况，都要抱有积极的心态，因为只有乐观地看待问题的人，才能拥有热情，才能获得成功。

抛开烦恼并乐观地坚信"一定会成功的"，这就是稻盛和夫成功的秘诀。他时常说："不要忘记凡事要往好的方面想，发挥才华，时常倾注激情，这是获取人生硕果的秘诀，也是引导人生走向成功的王道。"

人生的不如意十之八九，也正是这些不如意成就了生命的精彩。生活中的快乐和痛苦、欢笑和泪水都是不容人们拒绝的，因为这就是人生。而我们能选择的就是以什么样的心态面对人生，是自寻烦恼，消极地担忧"我不行""我做不到""我不能"，还是乐观地面对，不断给自己打气，坚信"我能行""我一定能想出办法的"？

成功者往往能抛开感性的烦恼，以积极乐观的态度面对生活。稻盛和夫在开创事业的过程中，遇到的麻烦不在少数，而他一直都能保持乐观的态度，用理性的思维去分析一切。正是这种人生态度，使他迎来了事业上的辉煌。

稻盛和夫创办京瓷之初，公司开发的是一种用于电视机、计算机等高科技产品的被称作"精密陶瓷"的材料。这种高级材料是由原本对陶瓷领域一窍不通的稻盛和夫经过全身心地对陶瓷进行研究和实验后研制成功的。在这个过程中，稻盛和夫实现了从一个门外汉到专家的飞跃。这样的科研成果使他对精密陶瓷技术非常自信，他坚信京瓷公司能领先于世界上其他的陶瓷公司。

对于积极心态的认识，稻盛和夫认为，一个人时常抱有"人生充满光明和希望""我将迎来辉煌的人生"这样的理念很重要。

保持快乐的心情才能正确地处理人生遇到的各种困难和问题，积极乐观的人身上总能焕发出光彩和随时感染别人的魅力。稻盛和夫创业之初得到很多人的帮助，他们大多是被稻盛和夫的信念和热情所感染。

生活中总是有很多人对自己的得失斤斤计较、自寻烦恼。殊不知，在他烦恼的时候，或许会失去更多。

稻盛和夫曾经讲过这样一个故事：

有一位禅师非常喜欢兰花，他花费了很长时间、倾注了很多心思栽培了一株兰花。一天，他要外出云游，临行前交代弟子们要好好地照顾兰花。谁知弟子们在照料的时候不小心将花盆打碎了，兰花散落满地。因此，弟子们每天都惶恐至极，害怕师父回来会责罚他们。禅师回来后，闻知此事并没有责罚弟子。禅师说："我们种兰花，一是用来陶冶心性，二是用来美化环境，而不是为了生气才来种兰花的。"

禅师虽然喜欢兰花，但是并没有让兰花成为他提升心性的阻碍。换言之，他并不因为兰花的得失而烦恼。

　　稻盛和夫认为经营企业也是如此。企业运行过程中会遇到各种问题，甚至会遭遇难以想象的灾难；也会遇上繁荣期，有意想不到的好运惠顾。经营者面对幸运和不幸的态度才是关键，人生和经营可以说是考验的连续，以怎样的心态来应对考验，这决定了最后的结果。

　　对于每个人的生命而言，艰难、困阻就像人生河流中不断遇到的岛屿和暗礁。当我们充满对明天的希望，以愉快的心情前进时，生命的流水就会与逆境中的暗礁激撞出美丽的浪花。抛开感性的烦恼，用乐观的心态看待人生，时刻提醒自己用积极、正面的思维方式对待生活，那么，成功就离你不远了。

自信自强，坚信自己的能力

著名作家罗伯特·柯里在他的《秘密》一书里写道："我相信你就是这个星球上最伟大的人，没有你不能做到的事情，你的能力、才华、天赋和力量都是无限的，你的命运不需要其他人来做裁判，我相信在你的身上一定有一些宏伟的东西，不管你的生活中发生过什么，也不管你的年龄有多年轻或者多老，当你理解并运用你内在的、伟大的、超越世界的力量时，它会主宰你的生活，它会养育你、覆盖你、指导你、保护你、指挥你、支持你的整个存在，你将成为最有力量的人，全世界都会帮助你实现你的愿望。"

这些话告诉我们，要相信自己的能力，世界上没有我们办不成的事情。人类的伟大就在于拥有能够不断超越自我的能力。能认识到自身的缺陷所在，并找到克服与超越自身能力的方法，就能取得成功。

稻盛和夫说："能够完成一件新工作的人是坚信自己的'可能性'的人。所谓可能性，是指'将来的能力'。如果根据现在的能力判断自己行还是不行，那就永远也做不成新的事情或者困难的事情。"

稻盛和夫从出生到大学毕业都生活在鹿儿岛，操着一口浓重的南方口音。最初到东京工作时，他为此感到很自卑。但是他并没有去伪装和掩饰自己的不足，而是接受了自己身上存在的缺点，从自己的不足出发，寻找解决的办法，逐步实现自我超越。

一个人能否成功，与他是否相信自己具有成功的能力有很大关系。稻盛和夫认为，觉得自己没有能力成功的人，他们的不足之处就在于他们只用现在的能力进行自我评价，没有认识到自己的能力在将来还会有很大的提高。相反，如果充分相信自己，不断提高个人能力，将来一定能做成很多现在做不成的事。

相信能力具有"未来进行时"是很重要的。稻盛和夫说："我们总是认为'我们一定能成功'。而且，我们给部下出主意让他们如何去做，并饱含热情地告诉他们该项目的成功将给公司带来多大的好处，于是所有相关人员都会产生饱满的热情，努力地接受挑战。"

京瓷公司在创业初期主要的经营项目是制作绝缘材料。但当时日本的陶瓷市场，电器类大公司的订单几乎都被资金雄厚的制陶企业抢走了，对于刚刚成立的京瓷公司来说，生存空间非常狭小。当稻盛和夫与一些电器公司进行合作项目的洽谈时，常常因为对方质疑他们的技术水平而遭拒绝。

对此，稻盛和夫也表示理解，因为著名企业都无法承接的项目，刚刚起步、资金不到位、技术也不成熟的京瓷公司，又怎么能轻易做到呢？但稻盛和夫总是很恳切地争取："无论如何请让我们试一试，或许可以成功。"

其实，稻盛和夫深知，以公司当时的实力完成这些项目确实有些难度，但如果错过这样的机会，自己的企业就更无法立足了，所以他总是表现出胜券在握的样子。终于，他和一个谈判对象达成了必须在 3 个月后交付样品的协议。为了增加技术人员的信心，稻盛和夫鼓励他们说："这是我下了保证才拿到的订单，从现在开始努力，3 个月内交货。这种产品虽然没有人生产过，但按目前的水平发展下去，一定可以做出来，大家开始试验吧。"

虽然稻盛和夫的一番话引来了员工的一片抱怨声，但最终他还是说服了自己的员工，并在接下来的 3 个月时间里，带领大家进行了反复的实验和多次的论证。对于当时的情况，稻盛和夫唯一相信的就是能力的"未来进行时"。因为他很清楚，以当时既有的能力是做不出高端技术产品的，所以能力的"未来进行时"就成了唯一可以依靠的信念。

"确信能够成功"是稻盛和夫取得成功的关键所在。他的经历告诉我们，绝对不要低估自己的能力，要看到自身的巨大潜力，对于看似难以达成的事情也不要轻易放弃。在稻盛和夫的激励下，员工们和领导层共同努力，发挥出了前所未有的力量，最终实现了他们的目标。

忠告八

智慧：用思考打开智慧宝库

　　稻盛和夫认为，年轻人充满对未来的憧憬，而未来所有生活目标的实现，往往并不是那么一帆风顺，甚至还会出现一些扰乱我们心绪的小插曲。其实，这些小插曲是人生的一道道门坎。只有善于对人生进行思考的人，理性地认识自己、认识社会、思考当前遇到问题的人，才能找到出路，才能打开智慧宝库，才能获得一个健康、快乐的人生。

善于思考，用思考提升智慧

在现实生活中，我们不难看到一种奇怪的现象：很多公司，老板是低学历者，而手下打工者不乏硕士、博士。实际上，在现今这种开放的社会环境下，这种现象已经不足为奇了，我们并不是说这是一种必然，但从一个侧面可以看到，那些善于思考、拥有思想的人在这个社会中更有出路。

一位心理学家称，每个人都容易羡慕别人，因为在比较中，你总会发现比你优秀的人。很多人不禁感叹，自己何时能赶上别人？何时能买房买车？何时能一夜暴富？世界著名的成功学大师拿破仑·希尔著有《思考致富》一书，在书中，他提出是"思考"致富，而不是"努力工作"致富。希尔强调，最努力工作的人最终绝不会富有。如果你想变富，你需要"思考"，独立思考而不是盲从他人。同时，如果你想成功，你更需要思考，思考代表着一种智慧。

关于这一点，稻盛和夫认为，在这个世界上、在整个宇宙中的某个地方有一个应该称作"智慧宝库"（真理宝藏）的地方。在无意间，我们将宝藏中储存的"智慧"作为自己的新思路、灵感，或者创造力，反复加以挖掘和吸收。

的确，根据稻盛和夫所言，我们发现，那些伟大的先人们之所以能有如此丰功伟绩，应该就是从"智慧宝库"中获取智慧、技能并把它转化为创造力的源泉，使得制造业获得进步，使人类文明得以发展的。

每个人都希望自己做事时能有一个好的角度，从而把事情做得尽善尽美。好的角度当然是从思维而来。只有运用头脑，积极思考，转换思路，不断想出新的做事方法，你才能发现、创造更多的机会，才能实现自己的目标，改变自己的生活。而要真正做到善于思考，你需要从日常生活中加以锻炼，比如，在生活中看见某种现象，你不妨问问自己为什么会是这样，而不是那样？喜欢推究想象事情的前因后果是一种爱好，也是提高全面看问题的能力的好方法，用不间断的思考来丰富自己，加深自己的生活阅历。在工作和学习上，对任何事情都要带着疑问，尽量满足自己的好奇心。

除此之外，你还要锻炼自己分析问题的能力。我们对一件事物的思考过程，实际上就是我们的认知从现象到本质、从感性到理性、从具体到抽象的过程，思考其实就是一个分析的过程。由于思考，我们才能够认识事物内部、事物与事物之间的联系。在思考的过程中，你要学会对照比较、归纳概括、融会贯通、举一反三等。

解放思想，多角度考虑问题

生活中，我们都有这样的经验，遇到一些棘手的问题，我们常沿着自己的思路寻找解决方法，但事实上，结果却是不尽如人意，甚至让我们走进了死胡同，而当我们回过头来反省时却发现，原来有一个极为简单的方法。的确，那些原本看似错综复杂的问题，是我们的思维为其安上了复杂的外壳，如果我们能简化思维，让问题回到原点，那么，问题便能迎刃而解。

思维是一切竞争的核心，因为它不仅会催生出创意，指导实施，更会在根本上决定成功。它意味着改变外界事物的原动力，如果你希望改变自己的状况，获得进步，那么首先要从改变思维开始。

在稻盛和夫管理京瓷公司期间，他便常用这一思维模式解决员工之间的纷争。

在工作上，因为意见不合，有些员工常会出现一些分歧，此时，如果一位员工说："不是那样的。"那么，另一位员工必会反驳："不对，应该这样！"除了员工之间，部门与部门之间也会出现这种状况，并且矛盾产生的缘由往往多种多样，而最终结果是，问题常常闹到作为总经理的稻盛和夫那里。

于是，稻盛和夫在倾听双方陈述理由后，得出"应该这样，这样更好"的结论时，大家都表示信服，好像刚才唾沫横飞、争论不休都是假的，又都轻松愉快地返回工作岗位。

稻盛和夫认为，问题得到解决，不是因为地位最高的权威者一言九鼎，而是因为从远离利害关系的第三者立场出发，冷静地解析问题，发现多数纠纷的原因其实是极其简单的，他指出了这些问题并提出解决方案。

世界著名数学家、担任稻盛财团副理事长的广中平佑先生如此表述出他的真知灼见："看似复杂的现象，其实不过是简单的投影。"这是广中平佑先生在解答出迄今为止谁都没有解开的数学难题时说的。

所以，稻盛和夫提出，越是错综复杂的问题，就越要回到原点，根据单纯的原理原则进行判断。面对棘手的问题，用朴实的眼睛，根据简单明快的原理，对事情的是非、善恶进行判断即可。

其实，如果你细细观察，就会发现很多类似的问题：大到国家、政治问题，小到工作、生活甚至家庭中的矛盾，当事者各有意图，各有一大堆道理，使得原本十分简单的问题变得复杂怪异了。

事实上，一些人为了使思考的问题更加全面，他们会给问题设置很多规则，而这些规则对于问题的解决却是障碍，为此，你必须解放自己的思维，善于多角度思考问题。

善于思考，巧解难题

　　要成就大事，就必须养成善于思考的习惯，思考事业，思考人生，思考生活，思考关于自己的每一件事。多想想怎么做，多问几个为什么，往往可以提高效率，达到事半功倍的效果。

　　有时，善于思考还能帮助你尽快摆脱困境，并取得意想不到的成功。

　　20世纪50年代初期，有个叫丹尼尔的年轻人，从美国西部一个偏僻的山村来到纽约。走在繁华的都市街头，啃着干硬冰冷的面包，他发誓一定要闯出一片属于自己的天地。然而，对于没有进过大学校门的丹尼尔来说，要想在这座城市里找到一份称心如意的工作简直比登天还难，几乎所有的公司都拒绝了他的求职申请。

　　就在他心灰意冷时，接到一家日用品公司让他前往面试的通知。他兴冲冲地前去面试，但是面对主考官有关各种商品的性能和如何使用的提问，他吞吞吐吐一句话也答不出来。说实话，摆在他眼前的许多东西，他从未接触过，有的连名字都叫不出来。眼看唯一的机会就要消失，在转身退出主考官办公室的一刹那，丹尼尔有些不甘心地问："请问阁下，你们到底需要什么样的人才？"

主考官彼特微笑着告诉他："这很简单，我们需要能把仓库里的商品销售出去的人。"回到住处，回味着主考官的话，丹尼尔突然有了奇妙的感想：不管哪个地方招聘，其实都是在寻找能够帮自己解决实际问题的人。既然如此，何不主动出去寻找那些需要帮助的人？

不久，在当地一家报纸上登出了一则颇为奇特的启事，文中有这样一段话："谨以我本人人生信用作为担保，如果你或者贵公司遇到难处，如果你需要得到帮助，而且我也正好有这种能力，我一定尽力提供最优质的服务。"

让丹尼尔没有料到的是，这则并不起眼的启事登出后，他接到了许多来自不同地区的求助电话和信件：老约翰为自己的花猫生下小猫照顾不过来而发愁，而凯茜却为自己的宝贝女儿吵着要猫咪找不到卖主而着急；北边的一所小学急需大量鲜奶，而东边的一处牧场却奶源过剩……诸如此类的事情一一呈现在丹尼尔面前。

丹尼尔将这些情况整理分类，一一记录下来，然后毫无保留地告诉那些需要帮助的人。而他，也在一家需要市场推广员的公司找到了适合自己的工作。不久，一些得到他帮助的人给他寄来了汇款，以表谢意。据此，丹尼尔灵机一动，辞了职，注册了自己的信息公司，业务越做越大。他很快成为纽约最年轻的百万富翁之一。

这就是通过思考而获得成功的例子。如果丹尼尔不去思索怎么样寻找那些需要帮助的人，他的人生就不会有转机，更不会因此而成为纽约的富豪。成功无定律，幸运从来不会主动光顾你，要靠自己去寻找。多动动脑子，多尝试新的方法，就可能为通向成功开辟一条捷径。

养成认真思考的习惯还可以不断解开疑团、激发灵感，从而有所发现，有所发明，有所创造。决定做事的成败关键，往往取决于对实际情况的掌握程度，千万不要在事实还不允许做决定之前便草率行事。

在许多时候，遇事多考虑考虑，就能避免出现一些意想不到的差错。爱迪生说："有许多我自认为对的事，一经实地试验，就会发现错误百出。因此，我对任何事情都不敢过早做十分肯定的决定，而是要在权衡后才去做。"

一个人聪明与否，智慧与否，主要看他的思维能力强不强。要使自己聪明起来，智慧起来，最根本的方法就是培养思维能力。人之所以成为万物之灵长，原因就在于人类具有思维能力。人类的每一种成就，每一种进步，都源于思维。大思想家帕斯卡尔说："我们的全部尊严就在于思想。"思维能力是人最宝贵的特质，是人最根本、最重要的能力。拥有思维能力的人，才是最有潜力的人。正如巴尔扎克所说："一个有思想的人，才真正是一个力量无边的人。"

IBM 公司的总裁托马斯·沃森认为，IBM 的成功不是靠资源，也不是靠勤奋，主要靠全体职工善于思考。在 IBM 所有厂房和办公室内部挂着写有"思考"两个字的牌子，以便随时提醒人们思考是最重要的。

著名数学家华罗庚说："独立思考能力是科学研究和创造发明的一项必备才能。在历史上任何一个较重要的科学上的创造和发明，都是和创造者独立、深入地思考问题分不开的。"

忠告九

修炼：磨砺心志，完善自我

稻盛和夫认为，成功和失败都是一种磨难。有人成功了，觉得自己了不得，态度变得令人讨厌，表示其人格堕落了；有人成功了，领悟到只凭自己无法有此成就，因而更加努力，也就进一步提升了自己的人格。而真正的胜利者，会利用机会磨炼出纯净美丽的心灵。

坚强面对，把困难视为人生的磨炼

人只要活着，就会遇到一些不顺心的事，甚至是困难、灾难。在灾难面前，我们可能会自怨自艾，感叹命运的不公，抱怨上帝的自私等，但我们是否想过，一次灾难也是一种对心灵的洗涤，我们的灵魂会因此变得更纯净。

稻盛和夫认为，灵魂就是围绕在真我之上的现世的经验；而包裹真我的是"灵魂"，如果说真我是一丝不挂的裸体，那么，灵魂就相当于覆盖其上的衣服。衣服里面蓄积着各自灵魂所经历的思想、行动、意识或经验等一切，也附加了自己在现世中的一切思念和行为。

稻盛和夫之所以会有这样的感悟，是源于小时候的一次经历。

在稻盛和夫很小的时候，妈妈就对他说："你的灵魂很丑陋。"在他的家乡，这句话指的是性格孤僻、不爱与人交往。他曾经说："我幼小的灵魂里含有某种不好的孽，它曾经歪曲、玷污了我部分心灵。也许这一点我的母亲当时就看出来了。"

后来，他的老师——西片担雪老师也曾教会他什么是"孽"。

当初，京瓷公司因为没有取得经营许可就制造、销售了用精密陶瓷生产的人工膝关节而遭到舆论非议。当然，事实情况并非如此，这是在医生和患者的强烈要求下才进行应用的。但对此，稻盛和夫并没有作任何辩解，甘愿受批判。

一次，稻盛和夫前去拜访自己的恩师，他对老师倾诉道："因为这样一些问题，我身心疲惫。"当时，西片担雪老师事先读过报纸已经知道这件事。稻盛和夫满以为他能从老师那里得到一点安慰，但没想到的是，老师一开口便说："辛苦也是没有办法的事。只要活着，辛苦就是必然的。"接着，他又说，"灾难来临时不要消沉，而是高兴。因为灾难能够把以前附在灵魂上的罪孽消除，这一点灾难就消除了你遗忘的罪孽，所以，稻盛，我应该祝贺你！"

在听到老师的这番话后，稻盛和夫有一种感觉——自己被拯救了。社会的批判、"天意的考验"这些他都坦率地接受了。老师的一番话比任何安慰都有价值，他领悟到了人类生存的伟大意义。

从稻盛和夫的这两段经历中，我们也发现，人的一生难免会辛苦，难免会遇到灾难，但如果我们能把灾难当成对自己的一种磨炼，那么，我们便能从灾难中获取成功与幸福。

因此，我们要把灾难当成磨砺自己心志的一个契机，而不仅仅是一个障碍，当你的心灵真正变得强大的时候，还有什么能阻碍你呢？

"天将降大任于斯人也，必先苦其心志，劳其筋骨，饿其体肤，空乏其身，行拂乱其所为，所以动心忍性，曾益其所不能。"要想取得成功，必须经历苦难。如果我们不只把苦难当作苦难，还把它当作学习的机会，那么，我们就能在人生的风雨中走得更从容。

所有的生命都要经受命运的考验，就像每个人都要经历生老病死一样。我们无法逃避命运的考验，但我们可以选择以达观而坚强的心态面对。只有经受住了风霜雪雨的考验，才能收获秋天的累累硕果。

在一个河岸边的寺庙里，有一堆杂乱摆放的泥人。一天，一位神仙路过这里，对他们说："如果你们当中有一个敢走到河的对面，我就会赐给这个泥人一颗永不消逝的金子般的心，他就可以成为神仙。"

这道旨意下达之后，泥人们久久没有回应。最后终于有一个小泥人站了出来，有点羞怯地说："我想过河。"

话音刚落，其他的泥人就七嘴八舌地议论起来："泥人怎么可能过河呢？你是不想活了吧！""泥人最怕的就是水，你要从水上走过，不是最后什么都没有了吗？""身体都被融化掉了，你还要金子般的心做什么呢……"

这个小泥人说："我不想做一辈子的泥人，我想尝试一下，我知道你们是为我好，但是，我还是想有一颗金子般的心。"

说罢，小泥人告别了伙伴，来到了河边。他的双脚刚踏进水中，就感觉到一阵撕心裂肺的痛。他感到自己的脚在飞快地融化着，每一分每一秒都在远离自己的身体。此刻，他真想回到寺庙里。但是，他知道，后悔已经来不及了。如果回去，自己也是个残缺的泥人，与其那样，还不如继续向前走。

"快回去吧，不然你就会毁灭的！"河水看着泥人的痛楚不忍心地说。

但是，泥人摇了摇头，仍然坚定地朝前走去。小泥人向对岸望去，看见了美丽的鲜花和碧绿的草地，还有轻盈飞翔的小鸟。此刻，他感觉自己忽然有了力量。

疼痛让小泥人流下了泪水，冲掉了他脸上的一块皮肤。小泥人赶紧仰起头，把泪水忍了回去。小泥人的双脚此刻已经融化了大半，但是，他已经没有退路了。水下松软的淤泥让他每走一步都非常吃力。有无数次，他几乎被汹涌的河水吞噬掉。小泥人真想躺下来休息一会儿，可是，他一旦躺下，就会永远安眠，甚至连痛苦的机会都会失去。他只能忍受着痛苦，坚持游到河的对岸，到那个开满鲜花的地方。

时间过了很久，就在小泥人感觉自己快坚持不下去的时候，他忽然发现，自己居然走到了河的对岸。泥人欣喜若狂，他仔细地打量了一下自己，发现自己已经什么都没有了——除了一颗金灿灿的心。他正在迟疑着思考一颗心怎么生存的时候，突然发现自己的身上慢慢长出皮肤，原来，他已经变成了神仙。

他什么都明白了，任何生命都要经受命运的考验。花草的种子先要穿越沉重黑暗的泥土才得以在阳光下发芽；小鸟要跌折无数根羽毛才能够锤炼出凌空的翅膀；河流要经过百转千折才能流进宽阔的大海。而作为一个小小的泥人，他只有以一种奇迹般的勇气接受命运的考验，才能收获一颗金子般的心。

生活的苦难是人生无法回避的，我们无须为经历的苦难、痛苦而迷惘，而是应该总结苦难，穿越痛苦，去发现生活中阳光的一面。这样，我们才能以平常心体味生活的苦难，并从中找到经验教训，重整旗鼓，创造人生的美好前景。

上帝经常抽时间到他所创造的人间巡视。一天，他又来到人间散步，一个农夫认出了他，他小心地走向上帝，并对上帝说："仁慈的上帝呀！您终于来了，这几十年，我没有一天停止祷告，没有一天不期盼着您的降临，这一天终于来了。"

上帝不解地说："这几十年，你都在祈祷什么呢？"

"我总是在祈求风调雨顺，祈祷今年不要有大风雨，不要下雪，不要地震，不要干旱，不要有冰雹，不要有虫害，让我的庄稼不要经受任何苦难，长得更好啊！"农夫虔诚地说。

上帝回答："我创造了世界，也创造了风雨，创造了干旱，也创造了蝗虫与鸟雀，我创造的是不能如人所愿的世界。这样，人们才会不断地进步和发展。这样，人们才会去努力地生活，难道不是吗？"

农夫跪下来说："全能的主呀！可不可以在明年允诺我的请求，只要一年时间，不要风，不要雨，不要烈日与灾害，别人的田我管不了，能不能给我例外？我想过一种没有苦难、风平浪静的日子，就当你对我这多年的祈祷给予的一点回报，好吗？"

上帝说："好吧！明年如你所愿。但是，你需要为你的祈祷负责，你懂吗？"

第二年，农夫的田地里果然与众不同。别人的地里一如既往地经历风雨，而他的地里则平静如水。由于没有任何狂风骤雨、烈日和灾害，农夫田地里的麦穗比平常多了几倍，农夫暗喜不已，急切地等待收割的那一天。他为自己的要求而感到无比快乐！

到了收获的时候，农夫奇怪地发现他田地里的麦穗竟然没有结出一粒麦子。

农夫找到上帝，伤心地问道："仁慈的上帝，您是不是搞错了？为什么我的麦穗里没有麦粒？"

上帝说："没有错，我说过你要对你的祈祷负责的。你知道，一旦避开了自然的苦难，麦子也就长不出麦粒了。对于每一粒麦子，风雨是必要的，烈日是必要的，蝗虫也是必要的。他们可以唤醒麦子内在的灵魂。人的灵魂也和麦子一样，如果没有苦难的磨砺，人也只是一个躯壳而已。"

不经历苦难的人生就不是成功的人生，每个人都要经过苦难才能走向成熟，才能结出丰硕的果实。

当我们抱怨自己命运悲惨的时候，不妨换个角度想一想，也许我们遇到的苦难不是太多，而是太少，当苦难超过我们能够忍受的极限时，它反而可能会成为引导我们向上的动力，帮助我们渡过那条命运之河。

每一个和尚刚入空门时，几乎都要从最辛苦的行脚僧开始磨炼，每天行走化缘就是他们的工作和任务。日复一日，这种枯燥艰辛，任谁都会产生乏味的心理。

一天，已经日上三竿了，鉴真和尚仍未起床，一年三百六十五日的奔波，他觉得太累了，他心想自己也该偷一天懒吧！可是，住持没有看见鉴真出去，立刻就去了他房里探询。住持推开门后，看见鉴真和尚正在摆弄那些堆了半屋子的破草鞋。住持问鉴真："你生病了吗？今天怎么没有出去化缘？还是有什么事？你在这儿摆弄这些破草鞋做什么？"

鉴真和尚不好意思地笑了，说："我没什么事，也没有生病，只是看到这些草鞋颇有感触，这种草鞋是别人一年都穿不破的，而我只剃度了一年多，却穿坏了这么多双鞋，今天我想为寺庙里节省一双。"

住持听后，拍了拍鉴真的头说："既然你今天不想出去化缘了，那么你就和我到后山走一走吧！昨夜刚下过雨，空气很清新呢！"

两人来到后山的时候，路已经被寺僧们踩得泥泞不堪了。他们边走边谈心，住持问他："你是想当一个普普通通的和尚，还是想当一名弘扬佛法的高僧？"

鉴真和尚回答："我出家本来也是为了弘扬佛法嘛！"

住持又问："昨天，你也走过这条路吧？你现在还能找到昨天的脚印吗？"

鉴真回答："住持，您真爱开玩笑，昨天我走的时候又没下雨，路上平坦而光滑，今天被雨水一淋，我怎么可能找到自己的脚印呢？"

住持又笑了笑，说："那我们今天走过的脚印，你能找到吗？"

鉴真说："当然能了，这可难不倒我，因为今天路上的泥泞可是写着我们的脚印呢！"

住持满怀深意地说："这就对了，只有从泥泞的艰辛中走出来，你才能回头找到自己的脚印，你现在是个行脚僧，可能会觉得这个差事单调而乏味，但总有一天你会明白，所有的艰辛都会有它的价值的。"

所有的艰辛都是有价值的，任何苦难都不只是简单的经历。它会为你累积走向成功所必需的信心及勇气，还有坚强的毅力。

加强自律，控制自己的情绪

自律就是自我管理、自我控制。人最大的敌人是自己，只有能够战胜自我的人，才是真正的强者。

稻盛和夫认为，加强自律，能够控制自己的情绪，对于初入社会的年轻人显得尤为重要。在工作和生活中，自律在很多方面都发挥着巨大的作用：它能抑制自己的不良情绪，如冲动、愤怒；能抵御外界形形色色的诱惑。相反，如果没有或缺少自我控制，不良情绪就会反过来控制你，你将失去意志力、信心、执着和乐观，失去获得成功的机会，甚至会偏离人生的方向，误入歧途。

生活中，人们之所以会做那些让自己后悔的事，归结起来，大多是因为自制力薄弱，控制不了自己的情绪，因此做了不该做的事。要培养坚定的自制力，首先要从心里认识到自律的重要，然后才能自觉地培养。只有坚决地约束自己、战胜自己，才能最终战胜困难，取得成功。

Wendy 是纽约饭店的总监，有一年她在别家饭店开会时，最心爱的 LV 皮包和公事包竟被偷走了，所有的现金、证件与重要客户的资料都不见了，她的心情十分懊恼，欲哭无泪。

晚上回饭店工作前，她独自在办公室静坐了五分钟后，试着将自己沮丧的心情锁起来，换上一张笑脸赶去参加迈克·道格拉斯当天的影片庆功宴。当迈克·道格拉斯热情地亲着她的脸颊时说："嗨！Wendy，你今天过得如何？"

Wendy热情地回了他一个灿烂如阳光般的笑容说："哦！非常好。好得不能再好！"这天的宴会非常成功，Wendy也顺利地接触到更多的客户，认识了更多的朋友。

试想，如果那天她不能及时地调整情绪，继续沮丧下去，不赴这场宴会，或者在宴会上不断地抱怨自己遇到的倒霉事，那将会造成多么恶劣的影响——错过了与客户接触的机会，也间接地影响了众人对饭店的印象。

工作在第一线的人员，如服务人员、客服人员、公司总机、销售人员、公交车售票员等，他们能不能将近日被男朋友抛弃的哀怨或今早与老婆吵架的怒气隐藏起来，给客户宜人亲切的笑容，将决定今天公司营业额的好坏。

在职场上不能控制情绪还有一个更直接的影响是，它将使你没有合作伙伴！而在这个讲究合作的社会里，没有合作伙伴就意味着你将一无所有。

有一位意大利籍的名厨十分情绪化，高兴起来可以又亲又抱，左一句甜心，右一句蜜糖，让人听了心里暖洋洋的。但是千万别惹他发火，一旦发怒，30秒内他可以将英文的脏话全部骂过，意犹未尽，再加上很多意大利文的脏话，翻脸比翻书还快，搞得大家都对他畏惧三分。

他的脾气犹如一匹野马，完全无法控制，厨房的员工因受不了他的脾气，流动率很高，外场经理也因为难以和此主厨配合，换了又换。但是饭店的主管觉得他确实才气逼人，他做的菜客人吃过之后都赞不绝口，他还会利用很普通的材料做出很多有新意的菜肴，而且聪敏、肯拼、肯干。基于这些原因，主管还是睁一只眼闭一只眼，由他去了。

有一天，一位新来的服务生惹怒了主厨，主厨训斥他的时候，服务生居然和他对骂起来，厨房里顿时变得一团糟。更让人瞠目结舌的是，主厨居然拿出切肉的刀子要跟服务生拼命。这下，事态严重了，主管只好开除了他。

一个优秀的大厨因为无法控制自己的情绪而丢了饭碗，这应该是他绝对没有想到的。上班族应该时刻提醒自己的是，没有人有责任或者义务来忍耐你、迁就你！随着企业规模的日益庞大，企业内部分工越来越细，任何人，不管他有多么优秀，想仅仅靠个体的力量来左右整个企业都是不可能的，没有人可以超然地出世而不与别人合作。大厨不克制自己的情绪随便乱发脾气，只会让周围的人对他敬而远之，无法真正地与他沟通，当然也就无法做到和谐地配合他。当公司里所有的人都与他配合不好时，被公司开除自然也是情理之中的事了。

美国心理学专家戈尔曼教授认为：情商是震撼人心的人类智能评判的新标准，它主宰人生的80%，而智商至多决定人生的20%，情商才真正与一个人的未来及幸福密切相关。但是，很多人却不会控制自己的情绪，以至于影响了自己的人生。特别是在一个家庭里的夫妻之间，只要有一方不会调控自己的情绪，那么他的坏情绪就会影响这个家庭，甚至使夫妻间的感情破裂。法国的拿破仑三世和尤琴的婚姻便是一个极好的例证。

当拿破仑三世，也就是拿破仑的侄子，爱上了全世界最美丽的女人特巴女伯爵玛利亚·尤琴，并且准备和她结婚时，他的顾问不同意，因为尤琴的父亲只是西班牙一位地位并不显赫的伯爵，但拿破仑三世反驳说："那又怎样？她高雅、妩媚、年轻、貌美，她能让我的内心充满幸福快乐。"在一篇皇家文告中，他激烈地表示他要不顾全国的意见，"我已经选上了一位我所敬爱的女人，"他宣称，"我从来没有遇见过像她这样的女人！"

拿破仑三世和他的新婚妻子拥有财富、健康、权力、名声、美丽、爱情、尊敬———一切都符合一个十全十美的罗曼史，婚姻之圣火会燃烧得那么热烈。

然而，这圣火很快就变得摇曳不定，热度也冷却了，只剩下了余烬。拿破仑三世可以使尤琴成为一位皇后，但不论是他爱的力量也好，他帝王的权力也好，都无法使这位法兰西皇后中止挑剔和唠叨。

她不断地抱怨、嫉妒、疑心，最后竟然藐视拿破仑三世的命令，甚至不给他一点私人的时间。当他处理国家大事的时候，她竟然冲入他的办公室里；当他讨论最重要的事务时，她却干扰不休。她甚至认为，当他单独一个人时，他会跟其他的女人亲热；尤琴还常常跑到她姊妹那里，数落丈夫的不好，又说又哭，又唠叨，又喊叫；有时还不顾一切地冲进他的书房，不停地大声辱骂他。拿破仑三世虽然身为法国皇帝，拥有十几处华丽的皇宫，却找不到一处不受干扰的地方。

尤琴这么做，能够得到些什么？答案如下："于是拿破仑三世常常在夜间从一处小侧门溜出去，头上的软帽盖着眼睛，在他的一位亲信陪同下，真的去找一位等待着他的美丽女人，再不然就出去看看巴黎这个古城，呼吸着本来应该拥有自由的空气。"

这就是尤琴抱怨所得到的后果。不错，她是坐在法国皇后的宝座上。不错，她是世界上最美丽的女人。但在唠叨、抱怨的毒害之下，她的尊贵和美丽并不能挽留爱情。尽管她歇斯底里地哭叫着说："我最怕的事情终于降临在我身上。"而这厄运之所以降临在她的身上，其实是她自找的，她的结局之所以可怜，一切都是因为她的抱怨和嫉妒引起的。

无独有偶，另外一位大人物林肯也曾因为夫人的脾气不好而饱受婚姻的痛苦。在林肯的婚姻生活中，他的夫人几乎没有让他过一天清静的日子。她不停地唠叨、辱骂着林肯，骂他卑贱的出生，骂他没有受过什么正规教育……就像林肯以前的律师事务所合伙人荷恩在一篇文章中所写的那样：她老是抱怨这，抱怨那，老是批评她的丈夫，他的一切在她眼里从来就没有对的。他老佝偻着肩膀，走路的样子也很怪；他提起脚步，直上直下的，像一个印第安人。她抱怨他走路没有弹性，姿态不够优雅。她模仿他走路的样子以取笑他，要求他走路时脚尖先着地，就像她从勒星顿孟德尔夫人寄宿学校所学来的那样。他的两只大耳朵成直角地长在他头上的样子，她不喜欢。她甚至还告诉他，说他鼻子不直、嘴唇太突出，看起来像痨病鬼，手和脚又太大，而头又太小。

亚伯拉罕·林肯和玛利·陶德在各方面都是相反的，教育、背景、脾气、爱好以及想法都是相反的，他们经常使对方不快。

"林肯夫人高而尖锐的声音，"已故参议员亚尔伯特·贝维瑞治曾写道，"在对街都可以听到，她盛怒时不停的责骂声，远传到附近的邻居家。她发泄怒气的方式，常常还不仅是言语而已，有时是拳脚相加。"

林肯夫人的责骂、发脾气，并没有改变林肯对她的态度，只是更加深了林肯对这一段不幸婚姻的失望，以及尽量使他避免和她在一起。

有位哲人说过这样一句话："在地狱中，魔鬼为了破坏爱情而发明的一定会成功而恶毒的办法中，抱怨是最厉害的了。它永远不会失败，就像眼镜蛇咬人一样，总是具有破坏性，总是置人于死地。"

婚姻专家认为，现代家庭解体的原因之一就是因为一方唠叨、抱怨个不停，而抱怨等于是自己给自己的婚姻挖掘坟墓。因此，你要想维护家庭生活的幸福快乐，就一定要丢掉抱怨清单，绝对不可以抱怨。

有这么一家子，边吃饭边聊天。丈夫突然对兴致很高的妻子说："你怎么这么没记性，青菜里的盐又放多了！"

"你也太挑剔了，不就是多放了点盐吗？"妻子把筷子一放，冷冷地说，"下次的饭你做好了！"

"说你一句就不高兴，你尝尝，饭也被你烧煳了，真没用！蠢货！"丈夫全然不顾妻子的感受，继续口吐恶言。

"你这个没有出息的家伙，有本事自己挣大钱，天天上餐馆吃去呀！"妻子也不甘示弱。一场家庭战争就这样爆发了。

由此不难看出，无论是伟人的婚姻还是我们平常人的婚姻，其幸福的前提是相同的，即夫妻之间都要学会控制情绪，切忌猜疑、辱骂，而要心平气和，能容人之过。

约翰·米尔顿说："一个人如果能够控制自己的激情、欲望和恐惧，他就是国王。"

如果你是个成熟理智的人，如果你是个力求上进的人，如果你是个希望攀登事业高峰的人，如果你是个希望家庭美满和睦的人，那么，请时刻记住：不要让你的情绪失控，管好你的情绪，不要让它随便撒野！

怎样才能控制自己的情绪，让每天充满幸福和欢乐呢？弱者任思绪控制行为，强者让行为控制思绪。每天清晨醒来，当你被悲伤、自怜、失败的情绪包围时，你就这样与之对抗：沮丧时，你引吭高歌；悲伤时，你开怀大笑；病痛时，你加倍工作；恐惧时，你勇往直前；自卑时，你换上新装；不安时，你提高嗓音；穷困潦倒时，你想象未来的财富；力不从心时，你回想过去的成功；自轻自贱时，你注视自己的目标。

持续精进，成功来自每一天的积累

稻盛和夫说过："无论树立怎样远大的目标，如果不认真面对每日朴实的工作，不积累业绩，就不可能取得成功。"他认为，如果一个人连今天都过不好的话，又何来明日，如果没有明日那又如何能预见到 5 年后甚至更远的事情呢？他说："不要急功近利，努力、认真地过好每一天，明日自然会来到，如此持之以恒，5 年、10 年过去后就会结出硕果——我始终铭记这样的信念，并把它作为人生的真理，如此就能体验到'充实地度过今天，就能看见美好的明日'。"

"认真过好每一天"——看似简单，其实却是人生最重要的原则之一。稻盛和夫指出："伟大是从平凡中积累而来的，平凡是从每日最简单的工作中开始的。所以，要过好每一个今天，就要踏踏实实、勤勤恳恳地努力工作，要善于从每天的工作中获得进步，要时刻保持认真的态度，时刻保持警觉的思想。"

没有人生来就是伟大和成功的，不论多么远大的理想，都需要一步步实现；不论多么浩大的工程，都需要一砖一瓦垒起来。平庸和杰出的差距就在于一点一滴的积累中，这是一个细节制胜的时代，任何一个年轻人都希望在未来社会中有属于自己的一片天地，但你要做的，并不是空想，而是把握现在，认真、踏实地对待每一天，这样才能脚踏实地完成宏伟的目标。正如日本经营之神稻盛和夫所说："宏伟的事业，是靠实实在在的微不足道的一步步的积累获得的。"

从稻盛和夫的话中，我们看到了积累在目标实现过程中的重要性。同样，无论你有怎样辉煌的目标，但如果在每一个环节连接上、每一个细节处理上不够到位，目标就会被搁浅，而导致最终的失败。

稻盛和夫年轻时作为技术人员每天都搞研究，明天要比今天做得好，后天要比明天好，天天钻研创新，天天改善改进。稻盛和夫从那时起就有了这么一个意识：每天的改进似乎微不足道，但一年365天不断积累，甚至连续数年，就会带来巨大的进步。

稻盛和夫说："所谓人生，归根到底就是'一瞬间、一瞬间持续的积累'如此而已。每一秒钟的积累成为今天这一天；每一天的积累成为一周、一月、一年，乃至人的一生。"

据稻盛和夫回忆，年轻时他也有过许多困惑，走过许多弯路，甚至还因工作的平凡和烦琐而迷惑过。然而经过思索，他不断修正和调整自己的工作态度，他不再痴迷于"将来会搞出什么研究成果""自己的人生将会怎样"等这些不着边际的远景，而是留神和注重眼前的事情。他发誓："今天的目标今天一定要完成。工作的进度和成绩以今天一天为单位区分，然后切实完成。"他在工作中还要求自己每天跨进一步，不断反省，不断改良，不断找出窍门。就这样，稻盛和夫坚持了5年，10年，20年，一直保持着锲而不舍的精神。

就是这样的坚持和积累，最终才成就了他非凡的管理才能和辉煌的事业。稻盛和夫 27 岁创办京都陶瓷株式会社，52 岁创办 KDDI，这两家公司都位列世界 500 强。2010 年他临危受命，接掌日航 CEO 帅印，同时被时任日本首相鸠山由纪夫任命为内阁特别顾问，直至走向他人生和事业的巅峰。

每个人都有远大的理想，如果你想要实现它，就应当谨记稻盛和夫的话：无时无刻不使自己处于一种思考和锻炼之中。老子曾说："天下难事，必做于易；天下大事，必做于细。"它精辟地指出了想成就一番事业必须从简单的事情做起，从细微之处入手。一心渴望伟大、追求伟大，伟大却了无踪影；甘于平淡，认真做好每个细节，伟大却不期而至。这也证明了"点滴的细节孕育出了巨大的成功"这一道理。

管理学上有一个"蝴蝶效应"：纽约的一场风暴，起始条件是因东京有一只蝴蝶在拍翅膀。翅膀的振动波每一次都被外界不断放大，不断被放大的振动波越过大洋，结果就引发了纽约的一场风暴。

中国有句古语："不积跬步，无以至千里。"说的也是这个道理，量变积累到一定程度就会发生质变。所以说，不要幻想自己能突然脱胎换骨，马上就能成为一个卓越的员工。要知道，从平凡到优秀，再到卓越，并不是一件多么神奇的事，你需要做的就是，每天进步一点点。每一个大的成功背后，都是由一点一滴小进步积累而成的。

每次一点点的放大，最终会带来一场"翻天覆地"的变化。成功就是每天进步一点点。

福特公司的老板就遵循这一原则，他要求公司的每一个职员每天进步一点点，结果这个每天进步一点点使福特公司在经济不景气的情况下，在不到两年的时间里，资产净增了60亿。

每天进步一点点，持续行动，坚持自己的信念。这一点点看似很不起眼，缺乏诱惑力，却是在为最终的成功积蓄力量，做着储备，一旦时机成熟，这所有的一点点进步就会瞬间转化成巨大的能量，转化成连自己都会吃惊的巨大成就。

有一首童谣：失了一颗铁钉，丢了一只马蹄铁；丢了一只马蹄铁，折了一匹战马；折了一匹战马，损了一位将军；损了一位将军，输了一场战争；输了一场战争，亡了一个帝国。

一个帝国的灭亡，一开始居然是因为一位能征善战的将军的战马的一只马蹄铁上的一颗小小的铁钉松掉了。正所谓小洞不补，大洞吃苦。每次一点点的变化，最终会酿成一场灾难。

成功也是一点点积累的过程，成功来源于诸多要素的几何叠加。每天行动比昨天多一点点；每天效率比昨天提高一点点；每天方法比昨天多找一点点……正如数学中 $50\% \times 50\% \times 50\% = 12.5\%$，而 $60\% \times 60\% \times 60\% = 21.6\%$，每个乘项只增加了 0.1，而结果几乎是成倍增长。每天进步一点点，假以时日，我们的明天与昨天相比将会有天壤之别。

法国的一个童话故事中有一道"脑筋急转弯"式的小智力题：荷塘里有一片落叶，它每天会增长一倍。假使 30 天会长满整个荷塘，请问第 28 天，荷塘里有多少荷叶？答案要从后往前推，即有四分之一荷塘的荷叶。这时，假使你站在荷塘的对岸，会发现荷叶是那样得少，似乎只有那么一点点，但是，第 29 天就会占满一半，第 30 天就会长满整个荷塘。

正像荷叶长满荷塘的整个过程，荷叶每天变化的速度都是一样的，可是前面花了漫长的 28 天，我们能看到的落叶只有那一个小小的角落。在追求成功的过程中，即使我们每天都在进步，然而，前面那漫长的"28 天"因无法让人"享受"到结果，常常令人难以忍受。人们常常只对"第 29 天"的希望与"第 30 天"的结果感兴趣，却因不愿忍受漫长的成功过程而在"第 28 天"放弃。

每天进步一点点，需要每天都具体设计、认真规划，既不能急躁，又不能糊弄，更不能作假，因为这不是做给别人看，也不是要跟人交换什么，而是出于严于律己的人生态度和自强不息的进取精神。

每天进步一点点，没有不切实际的狂想，只是在有可能遥望到的地方奔跑和追赶，不需要付出太大的代价，只要努力，就可达到目标。

忠告十

坚韧：持之以恒，永不放弃

　　稻盛和夫说："想要做成一件事，最好参考狩猎民族打猎时的方法：当发现猎物的足迹后，就马上提起枪连续追上好几天，不管遇到多大的风雨，不管出现多么强大的敌人，也要找到猎物的巢穴，不抓到猎物绝不罢休，这就是他们的生存方式。要想成功，必须朝着既定目标努力奋斗，坚忍不拔，不成功绝不罢休。"

持之以恒，凡事贵在坚持

　　稻盛和夫埋头工作 50 余年，成就了多项事业。他认为成功的理由全在于坚持不懈、踏踏实实的努力。尽管有烦恼、痛苦，他却一直孜孜不倦地、精益求精地工作，就靠着这种持续的、非凡的努力，终于成就了伟大的事业。

　　如果你读过《活法》，就应该知道稻盛和夫在年轻时经历过的种种挫折：先是初中升学考试失败；接着患上肺结核一度徘徊于死亡边缘；后来拖着羸弱的身体二次中考落榜；到了考大学时第一志愿没考上，只好进一所二流的地方大学；找工作接连受挫，好不容易进了家公司，没想到雇主单位已经是日薄西山、资不抵债了。稻盛和夫就是一个普通人，不是绝顶聪明，不是运气特别好，更没有显赫的背景。但正是这样一个普通得不能再普通的年轻人，用 50 年时间白手起家，赤手空拳打天下，创造了一番惊天伟业：创办了京瓷和 KDDI 两家世界 500 强公司；成立了以传播稻盛哲学为宗旨的盛和塾，学生达 5500 人，全球有 60 多家分塾，其学生中有过百人的公司上市；78 岁高龄时临危受命，置个人得失于不顾，担任濒临倒闭的亚洲最大航空公司——日本航空的董事长兼

CEO，开启日航重生之旅。

或许对于稻盛和夫而言，唯有持之以恒、埋头苦干，才能博得老天的垂怜，人生才能"苦尽甘来""时来运转"。所以，他认为除非不做，要做就得全力以赴、坚持不懈。这不仅是工作者应有的态度，而且也是每一个欲有所为、想大作为人士的必由之路。

他经常说："一辈子持之以恒，努力不止。想要获得充实的人生，这一点比什么都重要。"

坚持不懈、持之以恒，是取得成功的必备素质。它犹如一条红线，贯穿了始终，是长久不变的意志表现。总览古今中外，大凡有成就的人，无不具有坚持的精神。《史记》这部鸿篇巨制被世人称为"史家之绝唱，无韵之离骚"，可它是司马迁耗费了17年的时间，不顾宫刑的折磨，呕心沥血的杰作。还有铁杵磨成针、屈原洞中苦读、匡衡凿壁偷光的故事，他们的精神印证了"贵有恒，何必三更起五更睡，最无益，只怕一日曝十日寒"的真理。他们用行动告诉我们，只要有滴水穿石的精神，成功便不会遥远。

个人的生存和发展正如企业的发展一样，没有哪个企业会愿意将赌注压在运气上，因为谁都明白幸运之神不可能永远眷顾自己，如果仅仅考虑运气，那么大概世界上99%的企业要沦为炮灰。人生有时候就像一场赌博，但不能将人生当作赌博来看待，毕竟运气来得快去得也快，靠运气吃饭的人，不可能获得成功。

年轻人在生活中也会遇到各种问题。工作不顺心、创业不断遭遇失败，一些人可能会抱怨自己缺乏运气，炒房的人认为自己刚好遇上了经济不景气的时候，炒股的人抱怨金融风暴突袭，办实业的人则感慨竞争对手不断增多。可这些问题你会遇到，别人同样也会遇到，为什么别人最后会比你更成功呢？问题很可能出在你自己身上，因为你缺乏耐心、毅力，因为你经不起困难的考验，也经不起时间的检验。

人生固然需要运气，但是更需要毅力，纵观历史上的那些成功者，试问谁没经历过失败，谁没有承受过巨大的压力和痛苦，或许他们的竞争对手更加聪明、更加强壮、更加富有、更加有威望，但是他们更加懂得坚持，一次不行，就来第二次，第二次不行就来第三次，一直坚持到第一百次、一千次，直到成功为止。

张枫是北京大学的毕业生，毕业后他和老乡一起贷款回老家投资酒店，他们将酒店选在市区人流量较大的河道旁，可当时周围已经开起了三家酒店。张枫根据人流量计算了一下：四家酒店如果同时营业，每家酒店都会亏损；有一家退出，大家就有微小的盈余；如果是两家酒店，收入会大幅增加；只有一家酒店的话，绝对可以挣大钱。

酒店开张后，正如张枫当初所估计的那样，前几个月始终处于亏损状态，但其他酒店也存在亏损情况，而张枫明白商人毕竟是逐利的，如果自己比对手坚持得更久一些，就可以摆脱目前的困境。果然半年之后，一家酒店看到生意毫无起色，主动退出竞争，一个月后第二家酒店看到利润微薄也退出了竞争。

两年之后，由于房地产业开始兴起，第三家酒店的老板见炒房的利润更高，于是坚决出售了酒店，这时候张枫及时出手，接管了这家酒店。他终于做到一家独大，成为河道旁最大的赢家。

有记者曾经问发明大王爱迪生："美国有千千万万个和您一样的发明家，为什么单单您是那个最成功的人？"爱迪生幽默地回答："嗯，我也正在为此事纳闷呢，我想是因为别人只失败了一天两天，而我失败了大半辈子。"坚持就是胜利，这是年轻人最不应该忘记的一句话，一个人想要获得成功，不仅要有憧憬美好未来的信念，还要有承受失败的打算，能够有所憧憬，有所承受，你才能够坚持下去，才能够比别人坚持得更久一些。

1927 年，美国阿肯色州的密西西比河大堤决堤，9 岁黑人小男孩的家被冲毁。在洪水即将吞噬他的那一刻，母亲使劲救他上了堤岸。这件事在他幼小的心灵深处留下了深深的影响，传播知识与文明成了他一生奋斗的目标。

1932 年，小学毕业的男孩因为阿肯色州的中学不招收黑人，只好到芝加哥去念中学。因为家境并不宽裕，他的母亲便为整整 50 名工人洗衣服、熨衣服以及做饭，来换取男孩上学的钱。

1933 年夏天，怀揣着家里凑足的那笔血汗钱，小男孩踏上了开往陌生城市芝加哥的火车。在芝加哥，男孩以优异的成绩从中学毕业并顺利读完了大学。在求学生涯中，他受了很多苦，无论是来自经济上的还是来自身体上的，但正是他生命再生时的那个目标促使他一路前进。

1942 年，他创办了一份杂志，但到最后的时候，由于没有 500 美元的邮费导致了他不能给订户发函。一家信贷公司向他伸出了援助之手，但需要一笔财产作为抵押。母亲有一套分期付款购买的新家具，这是她一生最心爱的东西。但为了孩子的事业，母亲最终还是同意抵押了家具。

1943 年，男孩的杂志大获成功，他也终于实现了自己多年的梦想，那天成了男孩最幸福的时刻。那一刻，男孩哭了，泪水中包含了人生的酸甜苦辣。

后来，男孩经历了一段反常的日子，他经营的一切似乎都陷入了黑暗，面对巨大的困难和障碍，他已回天乏术了。当他忧心忡忡地告诉母亲："妈妈，这次看起来我要失败了……"母亲果断地打断了他的话，说道："无论什么时候，只要你努力尝试了，就会有机会。"

就这样，凭借着顽强的毅力，他坚持前进并将足迹遍布了整个美国，因为有一股坚强的意志在支撑着他。果不其然，男孩顺利地渡过难关，并攀上了事业的新高峰。这个男孩就是举世闻名的美国《黑人文摘》杂志的创始人、约翰森出版公司的总裁，同时还是三家无线电台的所有者，约翰·H. 约翰森。

约翰森的经历告诉我们，命运全靠拼搏，要用奋斗换取希望。面对挫折时必须要做到以下两点：首先要坚持到底，永不言弃；其次，当你想要放弃的时候，回头看看第一点：坚持到底，永不言弃。其实，那些失败的创业者如果把自己和约翰森进行比较，可能会发现自己在某些方面胜出约翰森。但世界上之所以只有一本《黑人文摘》，正是因为世界上缺少很多像约翰森那样拥有"坚持到底，永不言弃"的积极态度和"持之以恒"的心态与毅力的创业者。

显而易见，成功是属于那些不辞辛劳、不断付出艰苦努力的人。世界上没有一条可以一帆风顺走下去的道路，如果想要一帆风顺，那不过是一厢情愿的愿望罢了。马云的一句话足以说明这一点："黎明前的黑暗是最难挨的。"想要享受黎明时的阳光，就必须在之前的黑暗中坚持下去。

据说，人生有两杯必须饮下的水，一杯是苦水，一杯是甜水，没有人能例外。人与人之间的区别，也不过是喝两种水的顺序不同罢了：成功者总是先喝苦水，再喝甜水；而一般人却总是先喝甜水，再喝苦水。在创业的过程中，持之以恒至关重要，当遭遇挫折时要告诉自己：坚持下去，再来一遍。因为这一次的失败已成过去式，下一次才是成功的开始，跌倒了，再爬起来。只是成功者爬起来的次数比跌倒的次数多一次，而平庸者爬起来的次数比跌倒的次数少一次罢了。最后一次爬起来的人被称为成功者；而爬不起来或者不愿爬起来，失去坚持下去毅力的人被称为失败者。

多数人最终失败的根本原因就是缺乏恒心，任何领域中的重大成就都和坚忍的品质有关。成功更多地依赖的是一个人在逆境中的恒心和忍耐力，而非天分和才华。布尔沃说过："恒心和耐力是征服者的灵魂所在，也是人类反抗命运、个人反抗世界、灵魂反抗物质的最有力的支持。"

保持耐性，人生最重要的就是持续

现实生活中，很多年轻人无论在学习目标还是个人兴趣爱好上，通常都有一个缺点，那就是三分钟热度，做不到持续，在追求成功的过程中，很容易因为困难的出现或者兴趣的转移而放弃了最初的选择。而这正是很多人始终不能有所成就的原因之一。

作为企业经营者，稻盛和夫所招聘到的员工中有两类人员，一类是精明能干、高学历者；另一类是处理事情迟缓、反应迟钝者，令人欣慰的是，他们忠厚老实、勤勤恳恳。

当然，任何一个企业经营者都会欣赏前者而不是后者。稻盛和夫也曾认为，前者当中特别能干的人，将来在公司里可以委以重任。是这样的吗？不，现实情况恰恰相反。

后来，稻盛和夫发现，这些头脑灵活、办事利索的人才，成长很快，但正是因为这样，他们意识到自己在这家公司实在是大材小用，于是，他们就萌生了跳槽的想法，不久就辞职离去。而最终留在公司里的、有用的，恰恰是那些最初不被看好、头脑迟钝的人。

当发现这一点以后，稻盛和夫认为自己实在是目光短浅，并为此感到羞愧。

这些头脑迟钝的人，他们做起事来不知疲倦、孜孜以求，10 年、20 年、30 年，像只蜗牛一样一寸一寸地前进，刻苦勤奋，一心一意，愚直地、诚实地、认真地、专业地努力工作。经过如此漫长岁月的持续努力，这些所谓头脑迟钝的人，不知从何时起已变成了非凡的人。

当他第一次意识到这个事实时，感到很惊奇。当然，他们并不是在某个瞬间发生了突变，非凡的能力也不是突然获得的。

这些看似平庸的人，正是因为加倍努力，辛苦钻研，一直拼命地工作，才不断地提升了自己。

关于这一点，稻盛和夫在他的《干法》一书中讲述了这样一个故事：

当京瓷公司还是一家滋贺县小工厂的时候，厂里有一个工人，初中学历。

他的上司总是对他说："这事要这么做。"无论上司说什么，他总是一一记下，生怕漏了什么。每天他的话都不多，总是埋着头在做他自己的事。无论上司布置什么任务，他都日复一日，不厌其烦地认真完成。在工厂里他毫不显眼，一直默默无闻，但从无牢骚，也从无怨言，兢兢业业、孜孜不倦，持续从事着单纯而枯燥的工作。

20 年后，当稻盛和夫与这个工人再次见面时，他大吃一惊，那么默默无闻、只是踏踏实实从事单纯枯燥工作的人居然当上了事业部长。关键是，令他惊奇的不仅是他的职位，而且言谈中他体会到，这个工人已经是一个颇有人格魅力且很有见识的优秀领导。"取得今天这样的成就，你很棒！"稻盛和夫不禁对他竖起了大拇指。

的确，这个工人看上去毫不起眼，只是认认真真、持续努力地工作。但正是这种坚持，使他从平凡变成了非凡，这就是坚持的力量，是踏实认真、不骄不躁、不懈努力的结果。

我们生活的周围就有这样一些人，他们并不像老虎那样迅猛，他们没有太多出众的才华，他们更像牛——笨拙、愚直、持续地专注于一行一业。这样不断努力的结果，让他们不仅提升了能力，而且磨炼了人格，造就了高尚美好的人生。

因此，如果你哀叹自己没有能耐，只会认真地做事，那么，你应该为你的这种愚拙感到自豪。

看起来平凡的、不起眼的工作，却能坚韧不拔地去做，坚持不懈地去做，这种持续的力量才是事业成功的最重要的基石，才体现了人生的价值，才是真正的能力。

一位全国著名的推销大师即将告别他的推销生涯，应行业协会和社会各界的邀请，他将在该城最大的体育馆作告别职业生涯的演说。

那天，会场座无虚席，人们在热切地、焦急地等待着那位当代最伟大的推销员作精彩的演讲，当大幕徐徐拉开时，舞台的正中央吊着一个巨大的铁球。为了这个铁球，台上搭起了高大的铁架。

一位老者在人们热烈的掌声中走了出来，站在铁架的一旁。他穿着一件红色的运动服，脚下是一双白色胶鞋。人们惊奇地望着他，不知道他要做出什么举动。

这时两位工作人员抬着一个大铁锤放在老者的面前。主持人这时对观众讲：请两位身体强壮的人到台上来。好多年轻人站起来，转眼间已有两名动作快的男士跑到台上。

老人这时开口给他们讲规则：请用这个大铁锤去敲打那个吊着的铁球，直到使它荡起来。

一个年轻人抢着拿起铁锤，拉开架势，抡起大锤，全力向那吊着的铁球砸去，一声震耳的响声，那吊球动也没动。他就用大铁锤接二连三地砸向吊球，很快，他就累得气喘吁吁了。

另一个人也不示弱，接过大铁锤把吊球打得叮当响，可是铁球仍旧一动不动。台下逐渐没了呐喊声，观众好像认定那是没用的，就等着老人做出什么解释。

会场恢复了平静，老人从上衣口袋里掏出一个小锤，然后认真地面对着那个巨大的铁球，接着，他用小锤对着铁球"咚"敲了一下，然后停顿一下，再一次用小锤"咚"敲了一下。人们奇怪地看着，老人就那样"咚"敲一下，然后停顿一下，就这样持续地做。

十分钟过去了，二十分钟过去了，会场上的人早已开始骚动，有的人干脆叫骂起来，人们用各种声音和动作发泄着不满。老人仍然用小锤不停地敲着，他好像根本没有听见人们在喊什么。有人开始愤然离去，会场上出现了许多空缺的位子。留下来的人好像也喊累了，会场渐渐地安静下来。

大概在老人进行到四十分钟的时候，坐在前面的一个妇女突然尖叫一声："球动了！"刹那间会场立即鸦雀无声，人们聚精会神地看着那个铁球。那球以很小的幅度动了起来，不仔细看很难察觉。老人仍旧一小锤一小锤地敲着，人们好像都听到了那小锤敲打吊球的声音。吊球在老人一锤一锤的敲打中越荡越高，它拉动着那个铁架子"咣咣"作响，它的巨大威力强烈地震撼着在场的每一个人。终于，场上爆发出一阵阵热烈的掌声，在掌声中，老人转过身来，慢慢地把小锤揣进兜里。

老人开口讲话了，他只说了一句话：成功就是简单的事情重复做。

在成功的道路上，你没有耐心去等待成功的到来，那么，你只好用一生的耐心去面对失败。

兰姆毕业后到一个海上油田钻井队工作。在海上工作的第一天，领班要求他在限定的时间内登上几十米高的钻井架，把一个包装好的漂亮盒子送到最顶层的主管手里。他拿着盒子快步登上高高的狭窄的舷梯，气喘吁吁、满头是汗地登上顶层，把盒子交给主管。主管只在上面签下自己的名字，就让他送回去。他又快跑下舷梯，把盒子交给领班，领班也同样在上面签下自己的名字，让他再送给主管。

兰姆看了看领班，犹豫了一下，又转身登上舷梯。当他第二次登上顶层把盒子交给主管时，浑身是汗，两腿发颤，主管却和上次一样，在盒子上签下名字，让他把盒子再送回去。他擦擦脸上的汗水，转身走向舷梯，把盒子送下来，领班签完字，让他再送上去。

这时兰姆有些愤怒了，他看看领班平静的脸，尽力忍着不发作，又拿起盒子艰难地一个台阶一个台阶地往上爬。当他上到最顶层时，浑身上下都湿透了，他再次把盒子递给主管，主管看着他，傲慢地说："把盒子打开。"他撕开外面的包装纸，打开盒子，里面是两个玻璃罐，一罐咖啡，一罐咖啡伴侣。他愤怒地抬起头，双眼喷着怒火射向主管。

主管又对兰姆说："把咖啡冲上。"兰姆再也忍不住了，"叭"的一下把盒子扔在地上："我不干了！"说完，他看看倒在地上的盒子，感到心里痛快了许多，刚才的愤怒全释放了出来。

这时，这位傲慢的主管站起身来，直视着他说："刚才让你做的这些，叫作承受极限训练，因为我们在海上作业随时会遇到危险，这就要求队员身上一定要有极强的承受力，能承受各种危险的考验，才能完成海上作业任务。可惜，前面几次你都通过了，只差最后一点点，你没有喝到自己冲的甜咖啡。现在，你可以走了。"

承受是痛苦的，它压抑了人性本身的快乐，但是成功往往就是在你承受常人承受不了的痛苦之后，才会在某个方面有所突破，实现最初的梦想。可惜，许多时候我们像兰姆一样总是差那一点点……

既然工作不可能总是充满乐趣的，除了忍耐，还必须学会从工作中寻找乐趣，这样就会化解不良情绪对自己的干扰。

当然，耐心是需要培养的，是可以通过有意识的练习得到提升的。我们可以从短短的 5 分钟开始，然后逐渐延长耐心的容忍度。刚开始的时候，不妨告诉自己："好，接下来这 5 分钟我不要对任何事情生气，我要保持耐心。"如此类推，逐渐地延长练习的时间，我们就将会有惊人的发现。

只有耐心才能换来内心的平静和安宁，才能把精力和注意力集中到亟待解决的工作中去。

永不放弃，具备越挫越勇的精神

古人云："有志者，事竟成，百二秦关终属楚；苦心人，天不负，三千越甲可吞吴。"这句话的意思就是，只要我们坚持到底，无论梦想多大都有实现的可能。我们常常发现有许多人在做事时最初都能保持旺盛的斗志，然而，随着遇到的挫折的增多，他们慢慢变得懈怠，热情也退却了，最终放弃了希望，失去了自己应有的成功。

稻盛和夫曾经在《活法》一书中讲述了京瓷公司遇到的这样一件事：

那时候，还是京瓷公司从 IBM 接到的第一笔订单。这对于京瓷公司是个极好的机遇，因为可以通过这次合作来提高技术和知名度，但令稻盛和夫感到沮丧的是，IBM 对产品的规格要求太严格了，甚至可以说是苛刻。一般来说，对于这样的产品要求，规格书大概是一页纸，但 IBM 的要求却足足有一本书那么厚。

但稻盛和夫并没有放弃，他继续带领员工努力实验，后来，符合规格的产品终于做出来了，但结果还是被打上不合格品的烙印退回来了。

此时，面对要求的尺寸精度比以前高一个数量级的产品，甚至连达到他们要求的仪器都没有的情况下，有些员工想放弃。面对消极气馁的员工，稻盛和夫严加申斥，指示他们竭尽全力、竭尽所能，干其应该干的，投入所有的技术人员攻关。尽管如此，进展仍然不顺利。无计可施时，稻盛和夫对在锅炉前烧制陶瓷、茫然无措的技术负责人问道："你向神灵祈祷了吗？"其实，稻盛和夫想问的是，他是否已经拼尽全力了？如果是，剩下的就只好听天命。

经过多次努力，京瓷公司终于成功开发出满足水准、要求极高的、崭新的产品。

正如稻盛和夫所说的那样："只要你不放弃，就不算失败。"是的，只要不放弃，就有成功的希望。今天的失败，往往预示着明天的好运。

众所周知，二战时期的英国首相丘吉尔是一个著名的演讲家。他生命中的最后一次演讲是在一所大学的毕业典礼上，这也许是世界演讲史上最简单的一次演讲。不知是当时丘吉尔太过年迈，还是他将人生的最大体会进行了浓缩，在整个20分钟的演讲过程中，他只讲了一句话，而且这句话的内容还是重复的，那就是："绝不放弃……绝不……绝不……绝不！"

当时台下的学生们都被他这句简单而有力的话深深地震撼了，人们清楚地记得，在二战最惨烈的时候，如果不是凭借着这样一种精神去激励英国人民奋勇抗敌，大不列颠可能早已变成纳粹铁蹄下的一片焦土。

英国劳埃德保险公司曾从拍卖市场买下一艘船，这艘船1894年下水，在大西洋上曾138次遭遇冰山，118次触礁，

207 次被风暴扭断桅杆，然而它却从没有沉没过。

　　劳埃德保险公司基于它不可思议的经历，决定把它从荷兰买回来捐给国家。现在这艘船就停泊在英国萨伦港的国家船舶博物馆里。

　　不过，使这艘船名扬天下的却是一名来此观光的律师。当时，他刚打输了一场非常重要的经济官司，委托人也于不久前自杀了。尽管这不是他的第一次失败辩护，也不是他遇到的第一例自杀事件，然而，每当遇到这样的事情时他总有一种负罪感。他不知道该怎样安慰这些在生意场上遭受不幸的人。

　　当他在萨伦船舶博物馆看到这艘船时，忽然产生了一个想法：为什么不让他们来参观这艘船呢？于是，他把这艘船的历史抄下来，和这艘船的照片一起挂在他的律师事务所里，每当商界的委托人请他辩护，无论输赢，他都建议他们去看看这艘船。

　　在大海上航行的船没有不带伤的，同样，在商海中拼搏，也会遭遇到各种危机。但那些能够最终取得成功的企业，无一例外地都做到了四个字：永不放弃！

　　枚琳·凯·阿什，一个被报刊称为"娇小女人""像木兰花一样好看可爱"的女人，在化妆品行业烙下了自己独特的脚印。她在自己退休之后创办了一家化妆品公司。公司从无到有，从小到大，在激烈的市场竞争中，枚琳·凯正是凭着永不放弃的坚忍精神，几经风雨，终于站住了脚跟，并且发展成为美国最有实力的化妆品公司。

　　枚琳·凯在退休之后就一直梦想自己创办一个公司。她心想，那应该是一家"为妇女服务的公司"。因为在她工作期间，有关妇女和男人一起工作时该做什么和不该做什么的陈规陋习往往束缚她的手脚。她心想，或许她能够用自己的经验帮助其他妇女克服这些障碍。

于是她亲自起草了两个单子。第一个单子列举男子占统治地位的种种弊端；第二个单子中列举了通过照顾劳动妇女，尤其是劳动母亲的需要来改革这种弊端的方法。由这两个单子，枚琳·凯形成了一个"理想公司"的初步轮廓，这个公司将不会妨碍一个妇女不断升入较高社会阶层，并使她获得更多的经济报酬。

在做了自己创办公司的决定之后，枚琳·凯便开始寻找所要推销的东西，她需要一种高质量的产品——一种对其他妇女有益，同时也是妇女愿意推销的东西。她花了几天的时间，思考到底哪种产品最合适。有一天晚上，她终于想到了一种绝佳的产品——皮肤保养品。

那还是在 10 年前，枚琳·凯在斯坦利公司工作时曾参加过一次聚会。聚会的地点在达拉斯的一个贫民区。在那里，她发现参加聚会的妇女们个个容色美丽、皮肤润滑。她经过询问，明白了女主人原来是一位美容师。她制造了一种护肤产品，并在她的客人身上进行试验，效果极好。这个美容师的父亲是一名皮革制造者，他注意到自己的双手有如年轻男子一般，因而猜测也许是在每日处理皮革的过程中，有某种因素导致了这样的结果。于是，他开始实验，最后发明了一种可以用来擦脸的改良产品。所以当他去世的时候，看起来比实际年龄要年轻许多。后来，这位美容师利用父亲的配方开发了一种护肤剂来为她那间家庭式的小型美容院的顾客服务。

现在，这位美容师已经去世了，枚琳·凯就向她的家人买下了这种化妆品的配方。她了解到这种皮肤保养品质量极佳，如果经过改良，再加上精美的包装，确信它们会非常畅销。

枚琳·凯投入了她一生的积蓄，创办了枚琳·凯化妆品公司。但是，在公司开业前一个月，她的丈夫突然去世，这给了枚琳·凯非常沉重的打击，她几乎要放弃自己的事业了。

在这个关键的时刻，儿女们给了她有力的支持，纷纷鼓励她要坚持下去，并且，她的两个儿子和一个女儿都陆续辞掉了令人羡慕的工作，来到母亲身边，帮助她一起经营公司。

儿女们的支持令枚琳·凯十分感动，她心想一定不能辜负孩子们的期望和信任，一定要坚持下去，绝不放弃。

1963 年 9 月 13 日，即枚琳·凯的丈夫葬礼一个月后，她的化妆品公司终于成立了。

为了树立枚琳·凯化妆品公司的产品在消费者心目中的美好形象，使它被更多的消费群体所认识、接受，枚琳·凯选择了举办展销会这条捷径。为此，她全力以赴地投入筹备工作，四处奔波忙碌。准备工作的顺利进行使她心里充满了大获全胜的信心。

但是，沉浸于喜悦之中的枚琳·凯迎来的却是彻底失败的残酷现实，整个展销会只卖出了 1 元 1 角钱的商品。意外的结局，几乎使枚琳·凯陷于崩溃的境地。她感到无地自容，疯狂驱车离开举办展销会的地方，停在一个角落，伏在方向盘上失声痛哭。这一刻，她又想到了放弃。

回到家里，她开始回想展销前的一幕幕，认真思索每一项工作的筹划、设施的细节，最后她终于找到了死结所在：

问题出在展销会上自己没有主动请别人来订货，同时也忽略了发放订货单这一关键步骤。仅仅指望女士们自己主动上门买东西，别说是初出茅庐的枚琳·凯化妆品公司，即便是根基雄厚的大企业，这样做的效果也是微乎其微的。

找到了问题的症结所在后，枚琳·凯又想到了自己所知道的那些商界名人也都经历了很多挫折和失败，他们坚持下来了，才最终获得了成功。想到了这些，枚琳·凯打消了放弃的念头，从失败的痛苦中振作了起来，领导着她的公司继续前进。

在枚琳·凯的不懈努力下，现在，枚琳·凯化妆品公司已经成为一个在全世界 37 个国家建立分公司，拥有超过 100 万名美容顾问的企业。枚琳·凯品牌也成为美国面部保养品以及彩妆销售最好的品牌，曾多次被评为"全美 100 家最值得工作的公司"，同时也被列为最适宜妇女工作的 10 家企业之一。

可以想象，假如枚琳·凯在遇到丈夫去世或首次展销会失败等挫折后选择放弃的话，这些耀眼的成就将永远不会属于她。

巴斯德有这样一句话："告诉你我达到目标的奥妙吧，我唯一的力量就是我的坚持精神。"当我们查阅历史上那些如明星般耀眼的企业家时，往往会得出一个平凡而简单，又合情合理的论断——成功者无一不是坚持到底、战胜挫折的佼佼者！

松下幸之助二十几岁时办了一个小厂，生产改良插座。可是，生产出来后却卖不出去，工人们都走了，只剩下他自己仍在努力支撑。他用最原始的方式挨门挨户地推销。一个月下来，只卖出几个插座。

为了维持生计，家里值钱的东西都快卖光了，松下幸之助躺在床上，痛苦得无法入睡。他问自己："难道我就此放弃了吗？"一个声音在心底响起："不，绝不放弃，一定要闯出一条道路。"一次，松下幸之助奔波一天回到家，累得躺在床上休息。妻子给他一张订单，说是川北电气制作所托阿部转交的。松下幸之助一骨碌爬起来，一看，真是一张订单：要求在年底制出1000个风扇底盘。他很奇怪，就去问阿部："阿部老板，他们怎么会找到我呢？"阿部老板笑着回答："因为他们知道松下君是个值得信赖的人，接到订单后，一定会全力以赴地生产出他们所要的产品。"松下幸之助激动地连连鞠躬，感谢他们的信任与鼓励。

这张订单救了松下幸之助，他后来回忆起这件事时说："我相信任何时候都要不畏惧困难，绝不放弃任何成功的信念与机会。绝不放弃！"

世界上的事情经常很容易开始，但很难有圆满的结局。因为圆满意味着必须走完全程，意味着必须历经千难万险，意味着遍体鳞伤也绝不放弃。因此，当面临危机和困境的时候，只有坚持到底，绝不放弃，才能最终品尝到成功的喜悦。